U0932795

小茜的快乐岁时记

[日] 柳本茜 著
马云雷 杜君林 译

華中科技大學出版社
http://www.hustp.com
中国 · 武汉

前言

我的家位于巷子深处，是一座古色古香的民宅。邻里的绿植和风中的香气，时刻提醒着我季节的变幻。我很庆幸能生活于此。

然而，就在前不久，由于老旧房屋面临拆迁，我搬到了现在的住处，一间 30 平方米的公寓。一个房间，两个人，寡淡的生活！所以这样的生活更需要季节感。我也憧憬精致的生活，我也希望过好每一个传统节日，但由于空间狭小、家务繁忙，那样的生活注定与我无缘。不过我坚信，“小日子”里也可以找到“大乐趣”，这便是我的岁时记。↘

日本的传统节日众多，一一庆祝绝非易事。不过，按照季节变换，适当地调整家居饰品，便可营造出十二个月独特的氛围。众所周知，风俗习惯以及庆祝方式因地而异，有些可能早已偏离了本来的意义，不过常怀一颗爱心，感知四季变换，便足矣。

愿您找到属于自己的快乐的生活方式！

目　录

六月　水无月

七月　文月

八月　叶月

九月　长月

十月　神无月

十一月　霜月

十二月　师走

岁时记秘籍

事先决定好摆放的位置。

选用巴掌大小的饰品。

花草等素材准备一枝即可。

小花瓶和小碟子必不可少。

一月 ‖ 睦月[1]

一枝幼松，
两块年糕。
简单的供品，
却让房间充满了年味儿。

① 文中有关名词解释见 P155—157，全书同。

13:06
TRACK 15
BOSE
DeLonghi

新年

一月一日。
接年神。

瓶子和松枝的新年艺术

松枝，年神的落脚之物，常作为门松[②]，装饰在玄关位置。本例中，将幼松插于空瓶中，便营造出了正月里最为应景的室内装饰。

建议用口径较小的红酒瓶。

↓

准备一枝幼松。颜色浓绿、针叶繁茂者为佳。

↓

松枝的长度应为瓶高的3倍。

↗

将松枝插入注水的瓶中。

↓

准备一张白纸。

↓

折叠后，纸的宽度应略高于瓶身，卷好。

↗

用白色纸绳打一个蝴蝶结。纸绳，文具店有售。一般按组销售，每组10~20根。

幼松，即黑松的幼苗，年末时集市和花店有售。

长度为50厘米左右的幼松，售价为200~500日元（1日元=0.0615元人民币，本书编辑当日汇率）。

年糕小供品

镜饼[3]是日本人献给年神的供品。无需任何华丽的饰品，只要准备些年糕和金橘，便能做出一个小巧可爱的供品了。

没有三方台时

没有三方台时，在小碟中放一张纸亦可。

纸的折线朝前。没有圆孔的面为三方台的侧面。

→

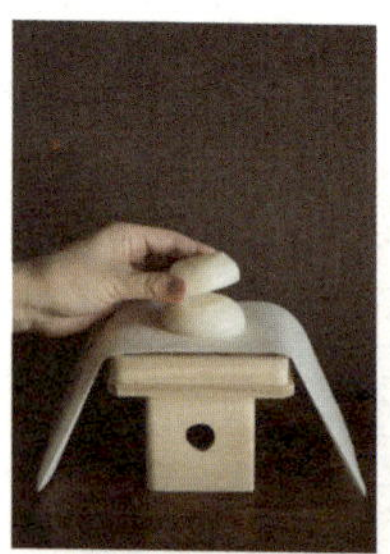

市面上销售的圆形年糕。如果是独立包装的，我们可以提前购买，免得逼近年关时忙得不可开交。

→

年糕上本应摆放“酸橙”，寓意着“代代传承”（日语中“酸橙”的发音与“代代”相同），现在多用与“酸橙”颜色相同的金橘代替。

新年品屠苏

为了祝愿自己和家人健康长寿，人们会在正月饮屠苏酒。中药屠苏散，只在正月前后有售，错过这段时间可就买不到喽。

由几种草药调制而成的屠苏散，现在多为茶包，每包约为 150 日元。

除夕当晚，将屠苏散包放入酒中。可以用保温杯作为盛酒的容器。

→

没有专用的屠苏酒器时，使用带嘴儿的茶杯或水杯也无妨。

→

还可以用小碟子代替酒杯。让我们在推杯换盏时献上最诚挚的新年问候吧。

柳条的装饰方法

青青的柳条，是生命力的象征。细长的柳条多用来装饰壁龛，不过本例中柳条被结成环，华丽地变身成了饰品。

将柳条结成环，插入长有红果的树枝。例如：南天竹的干花。

将柔软的年糕粘在柳条上，“饼花”便盛开了。可悬挂在洗脸台旁作为装饰。

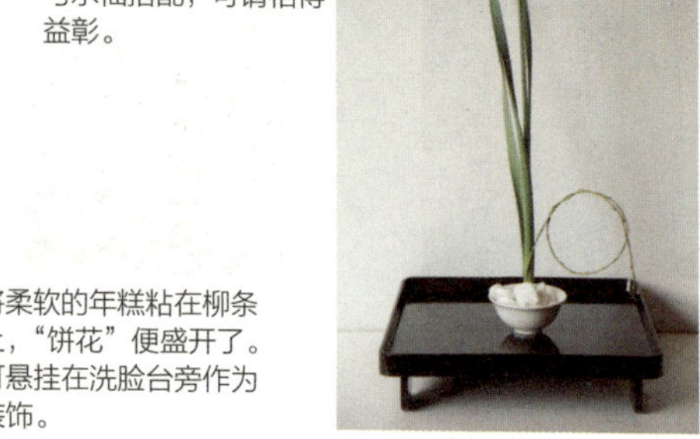

编成小环，插于花座，放几粒石子保持稳定。与水仙搭配，可谓相得益彰。

生肖纸

对应年份的生肖图纸。折成红包袋，写一句祝愿，新年怎能少得了它！

方便携带的和纸④。文具店、书法用品店、茶具店等有售。

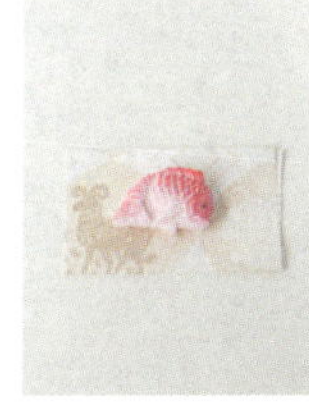

剪成小片，可盛放点心。

装饰稻穗

稻穗，祈求丰收的吉祥之物，作为正月的装饰再合适不过了。分量轻，且不需要水，可以装饰在任意位置。

用纸绳绑好，装饰在置物架和餐具之上，也可以插入小花瓶中，稻穗弯垂，十分好看。

松枝置筷架

通常，节日专用的筷子两头较细。不过，如果我们做一个这样的置筷架，就算摆一双普普通通的筷子，甚至一次性筷子，餐桌上也会充满年味儿吧！

只需一小段松枝，可以从前文提过的幼松上剪取。

→

长约 5 厘米。

→

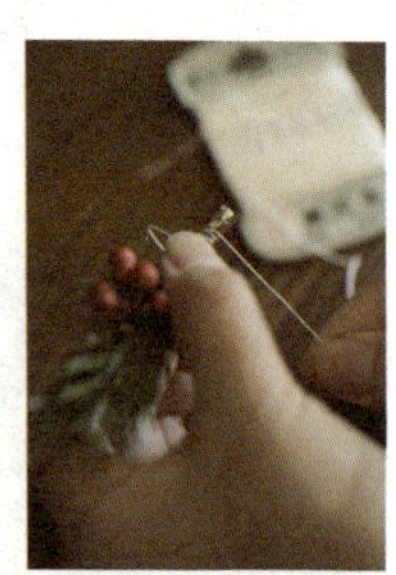

将长有红色果实的南天竹、珠兰、朱砂根绑在松枝上。

简单的年夜饭

鲑鱼子饭团、辣椒莲藕、凉拌柿子。红白两种颜色，打造出喜庆的年夜饭。

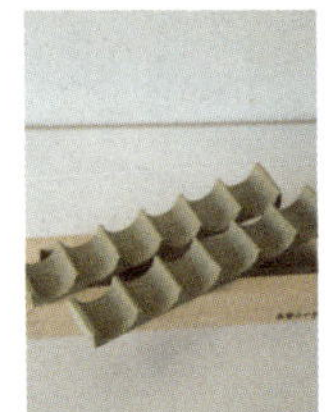

制作饭团时，可以使用专门的模具。没有模具时，用手握成球形即可。

即便是市面上销售的年夜饭，放到托盘里格调也会大增。再放一小段松枝，立刻就有了年味儿。

◎新年的小点心

精致喜庆的小点心，最适合在过年期间招待客人。这是只有在新年才能吃到的福利哦。

藏着纸条的幸运饼干。
◎辻占福寿草／落雁诸江屋

生姜砂糖馅的和风[5]干果子。
◎舞鹤／森八

一口一个的小鲷鱼烧。
◎小鲷烧／风土果 桃林堂 青山表参道本店

烩年糕口味的酱香牛蒡饼。
◎花瓣饼／桂月堂

大福茶

根植于广袤大地的茶树，开放于新年伊始的梅花，寓意着喜庆的海带，这是一道由“吉祥三宝”组成的茗茶。

一颗小梅子，一枚盐制海带扣。

注入热茶。最好选用口味清爽的茶叶。

表面撒些金箔或金粉，更能增添节日气氛。

一月七日。
歌颂七种草顽强越冬的生命力。

盆栽七草笼

临近岁末，许多蔬菜店和花店都会出售七草笼。通常，新年的头七天它们可供人们观赏，第八天便可以采摘了。采摘是最激动人心的一刻，因为人们能从中嗅到春天的气息。

七草饭

据说，正月期间喝一碗七草粥，能起到养胃的作用。其实，就算不做七草粥，只将七种草拌入饭中，也一定清心爽口，有助于调节肠胃吧。

凑不齐七种草时

七草中的蔓菁就是大头菜，莱菔就是萝卜。其实，只要买两三种我们生活中常见的蔬菜，照样可以做出可口养胃的美食。

拔出所需蔬菜。超市同样有售。

→

洗净后切成小块。用水焯一下拌入煮好的饭内即可。

开镜饼

一月十一日。
食用供奉完的镜饼。

年糕的三种吃法

就算年糕变硬了，巧用微波炉也可以让它重现美味。

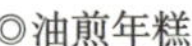

◎油煎年糕

将变硬的年糕放入水中浸泡一段时间。在煎锅中倒入少量油，放入泡好的年糕，最后淋上少许酱油。再放一片海苔就可以吃啦！

◎年糕小豆汤

将白色豆馅倒入水中，搅拌均匀后加入用白色四季豆制成的甜纳豆。

白豆馅和甜纳豆等食材均可从烘焙原料店购买。两种食材均可冷冻保存。

供奉完的圆形年糕。
注意不能用刀切供品。

↓

这种小年糕，可以用手掰开。

↓

如果年糕较硬，可以用研磨棒碾开。

◎**油炸年糕**

用油一炸，撒上点精盐和孜然。
怎么样，满满的民族风吧！

年糕可以冷冻保存。剩余的年糕放入密封袋内冷冻保存，使用前自然解冻即可。

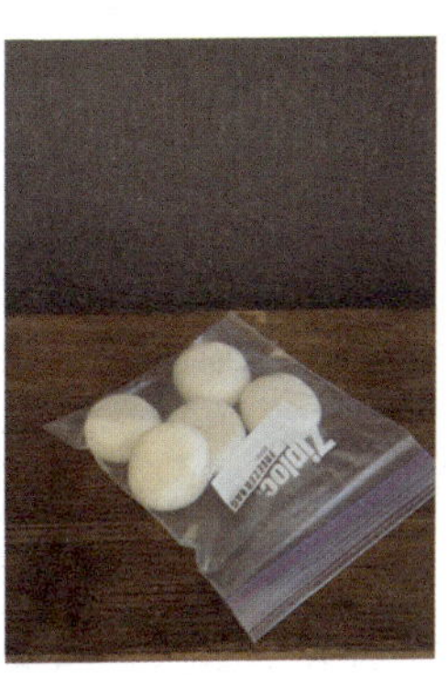

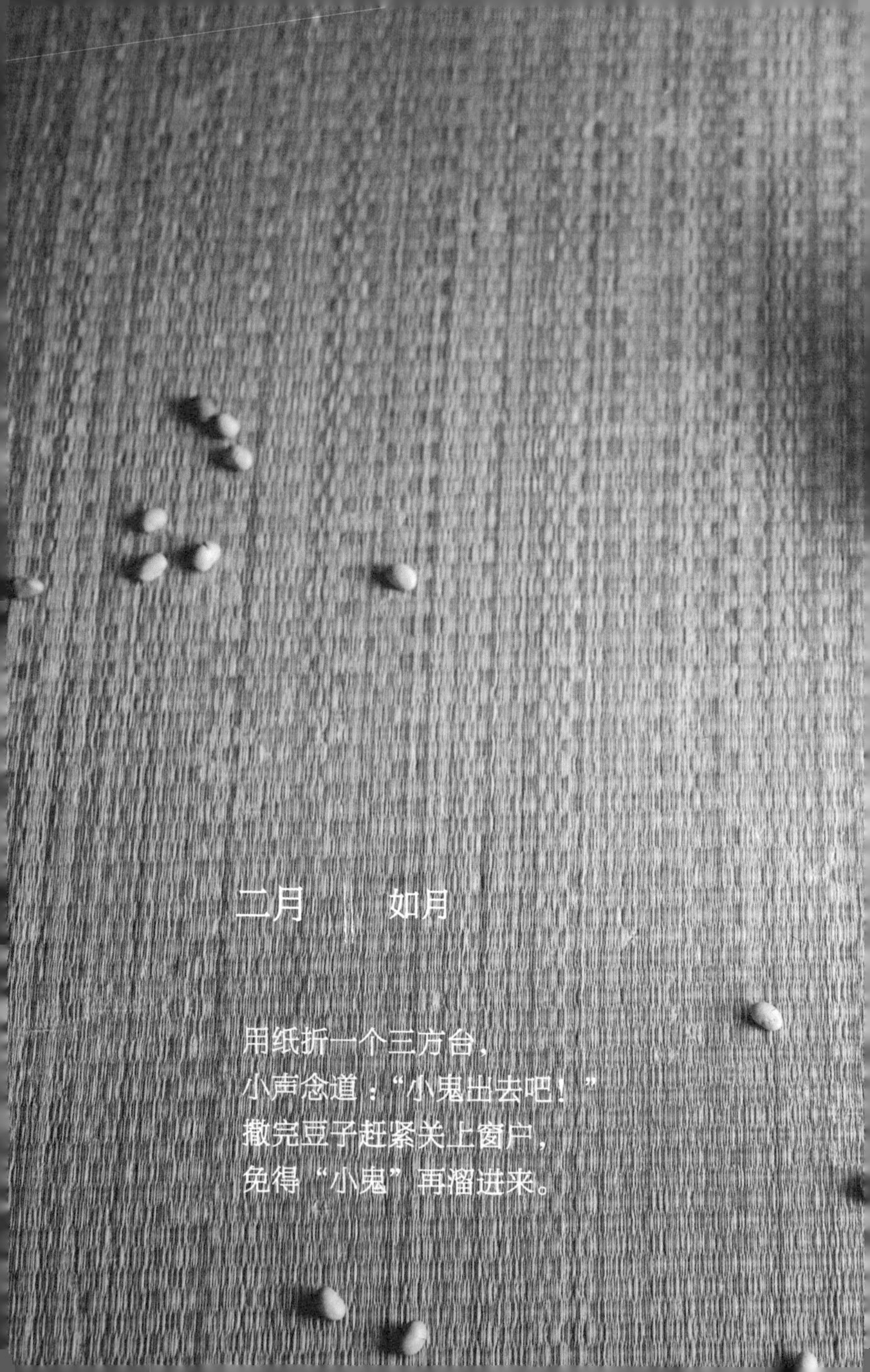

二月　如月

用纸折一个三方台，
小声念道："小鬼出去吧！"
撒完豆子赶紧关上窗户，
免得"小鬼"再溜进来。

节分[⑥]

二月三日，立春的前一天。
立春了，新的一年便开始了。

折纸撒豆子

立春的前夜，日本人有撒豆驱鬼的习俗。人们希望借此赶走晦气，迎接新的一年。

撒豆时，通常要高声喊叫，大把抛撒。不过，我们家大都在深夜进行，因此只能每人手捧一个纸折的三方台，一边小声念着“小鬼出去，福气进来”，一边一粒一粒地扔豆子。

准备一张 A3 纸或大一点的画报。

反向对折再对折。

将两边向内折。

裁成正方形。

把三角形拉开折成正方形。

完成。

将四个角向中心折。

再把正方形拉开折成长方形。

福豆，一般指炒过的大豆，节分这天，特指用来抛撒的豆子。此外，人们还会根据自己的年龄食用相同数量的豆子，借此祝愿自己在新的一年里健康如意。

福豆

高约 3 厘米的木盒里，装上满满的福豆和刺叶桂花，就成了一件应景的饰品。

据说，“小鬼”最怕的就是刺叶桂花尖硬的叶子。用它配合福豆，“小鬼们”一定会屁滚尿流、逃之夭夭吧！

豆枡[⑦]。可以用各式酒盅代替。

↓

装入福豆。将溢未溢时效果最好。

↓

放入几片刺叶桂花，还可以在旁边摆放些小鬼脸和小木棒。

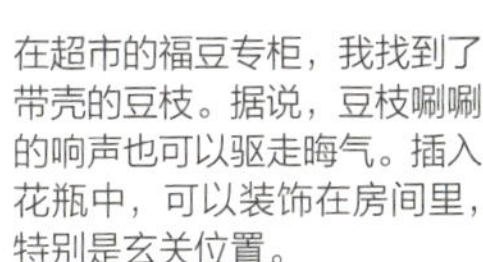

在超市的福豆专柜，我找到了带壳的豆枝。据说，豆枝唰唰的响声也可以驱走晦气。插入花瓶中，可以装饰在房间里，特别是玄关位置。

还可以撒这些东西！

除了福豆，还可以撒这些东西！只不过，这些东西不是撒到外面，而是抛到三方台里面。

古时候，人们用沙丁鱼头作装饰，希望借此臭味，驱走妖魔。那么，我们用味道独特的浜纳豆又有何不可？浜纳豆是一种发酵食品，味如酱汤，作为节分的零食也很不错。

在白雪皑皑的北海道，人们更喜欢撒带壳的花生，因为扔到雪地上，还可以再捡起来食用。

大豆制成的零食。
◎浜纳豆 /YAMAYA 酱油

带壳花生。

一口一个的巧克力。

独立小包装的甜纳豆。

一阳来复的护身符

穴八幡宫是我家附近的一座神社，这枚护身符便是从那里求得的。节分（或冬至、除夕）当晚，装饰在家中大吉的方向。

用双面胶将护身符贴在墙壁或柱子的高处。

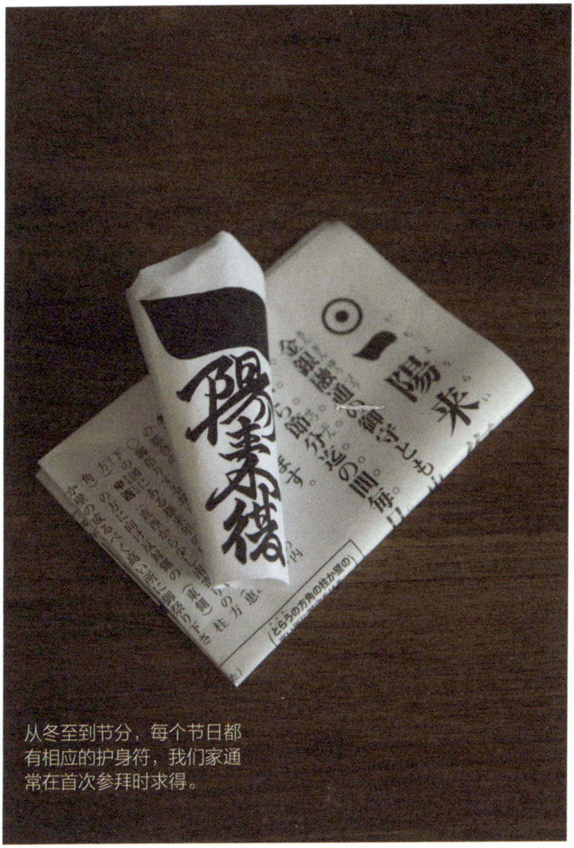

从冬至到节分，每个节日都有相应的护身符，我们家通常在首次参拜时求得。

山茶花

花儿竞相开放的季节到来之前，
大朵的花和浓郁的绿，便成为当下的主角。

自制日式山茶圆

山茶圆，模仿山茶花制成的小点心。

如果从第一步起，就全部手工制作的话，既费时又费力。我们可以从超市买些白色的糯米团，用山茶叶简单地一包，便是招待客人的应季小点心了。

山茶花摆件

准备一枝山茶花。

放在水中修剪，让山茶花充分吸收水分。

修剪枝叶的形状。

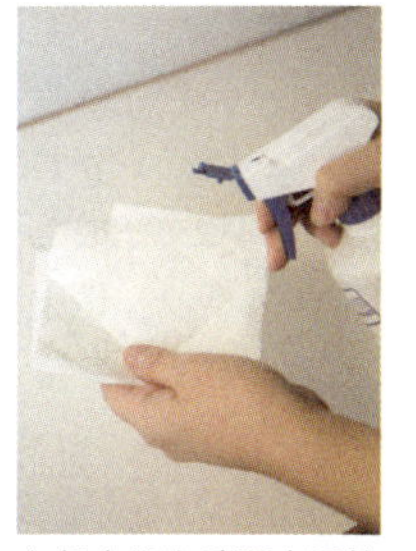

在餐巾纸上喷洒少量的医用酒精。

用酒精擦拭，可以使山茶叶更加明艳。

插入花瓶即可。

制作日式山茶圆

用酒精将剩余的山茶叶擦拭干净。

准备些白色的糯米团。建议使用小颗的山药团。

将糯米团夹在山茶叶间即可。

生姜红茶

生姜可以暖胃，适合在寒冷的季节食用。薄薄的干姜片和红茶，用热水一冲便成为了冬季的暖心饮品——生姜红茶。

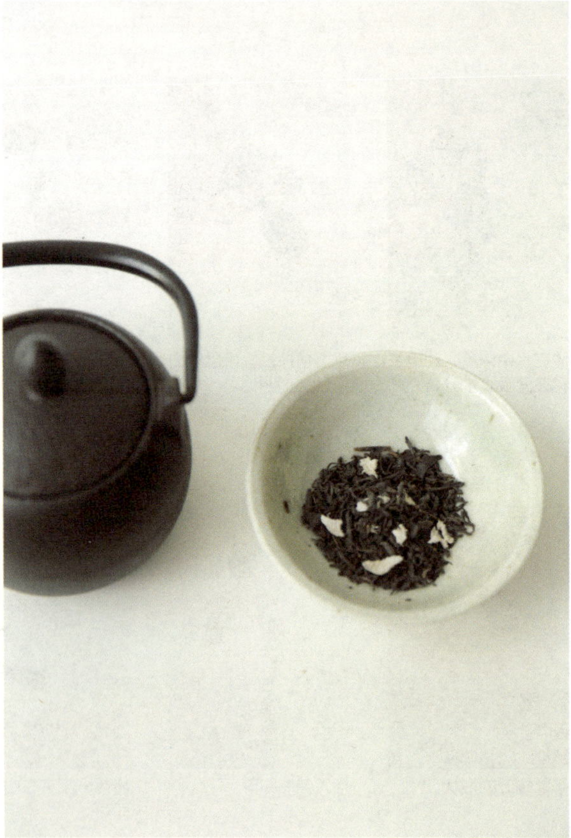

生姜去皮，切成薄片。

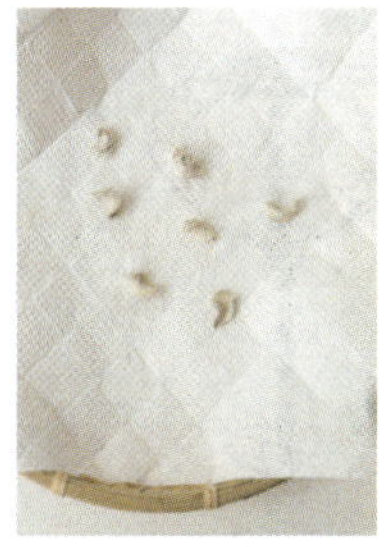
放在餐巾纸上干燥一个晚上。

根据个人口味，在茶叶中加入适量姜片。

用开水浸泡 3 分钟。

滤掉茶叶即可饮用。

在泡好的红茶中，加入一大匙蜂蜜，便是一杯蜂蜜红茶；加入适量牛奶，便是一杯奶茶了。

三月 ‖ 弥生

铺一块红布，
放几个摆件，
撒少许点心。
虽说架子仅有一层，
却满是俏皮与可爱！

女儿节⑧

三月三日。桃花节。
据说，生命力顽强的桃子是人们驱鬼辟邪的利器。

女儿节纸罩蜡灯

家中没有地方摆放人偶？别失望，几个小摆件、几块小点心就可营造出女儿节的气氛！

没有摆架不要紧，有托盘、碟子、红布条(P36)就够了！

准备两只高约5厘米的迷你罩灯，也可以使用竹笼或柜子等小模型摆件。

放一块菱饼或少量女儿节点心，小巧玲珑的女儿节饰品就完成了。

酒瓶桃花

桃枝少弯却多杈，处理起来比较困难。低矮的酒瓶正好解决了这一难题。

在细酒瓶中插一根笔直的桃枝，会给人清爽的感觉。如果并排摆上一组，就成为最简单的女儿节饰品。

小容积的酒瓶最适合作花瓶。

女儿节寿司

女儿节这天，通常要做散寿司饭，不过光是准备材料就得花上半天时间。

然而如果按下面所说的方法去做的话，既省时又省力。在樱花肉松上点缀些腌制的樱花，甜中带咸，一定会引爆你的味蕾。

将箱押寿司[9]的模具润湿，也可以使用底部能够拆卸的蛋糕模具。

将寿司醋倒入米饭中充分搅拌，也可以使用白米饭，这样就更简便了。

将饭倒入模具中。如果倒入薄薄的一小层，做出来的寿司就是扁扁的。

铺一张跟模具内侧同宽的烘焙纸。之所以使用烘焙纸，是为了不让模具和饭粘在一起。

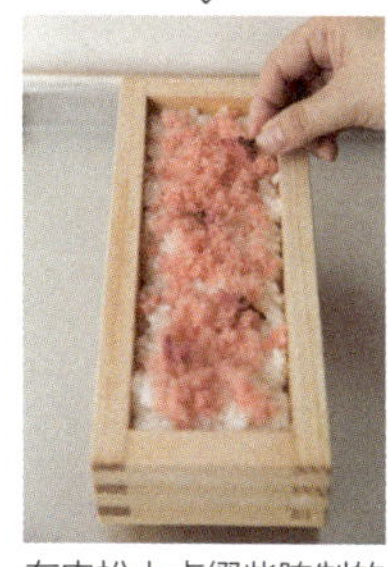

在肉松上点缀些腌制的樱花（参见 P45）。

将樱花肉松均匀地铺在米饭上。用天然染料配色的肉松，颜色十分柔和。

盖上盖板，用力按压后，拿掉外框。

完成。切成适当的大小即可食用。

将腌制的樱花和肉松放在保鲜膜上，盖上少许寿司饭（或白米饭），用手捏紧就成了一口一个的小寿司。

甜米酒

曾有童谣唱道："甜白酒啊，你竟让右大臣红了脸！"今天我们就用普通的甜米酒代替让右大臣都红了脸的甜白酒。根据个人喜好，加入适量姜末，可以增加米酒的风味。

购买酒糟时，最好选择独立包装的碎酒糟，这样用起来比较方便。用热水将酒糟溶解，根据个人喜好加入适量白糖。

◎专栏

我的女儿节人偶

我出生后的第一个节日，收到了一对贴花人偶，一尊是天皇，另一尊是公主。丝绸做的头发，浅色调的宫廷礼服，优雅的微笑，我喜欢得不得了，就连朋友家的多层偶坛我都无动于衷。

小时候，临近女儿节，母亲就会从柜子里取出人偶盒。我慢慢地打开盒盖，拿出人偶，小心翼翼地剥去包装。时至今日，我都无法忘记掀开人偶脸上那块棉布时我有多么激动。

毕业旅行时，我在长崎发现了一尊玻璃人偶。我好想将它作为礼物送给母亲，于是旅行的最后一天，我不顾朋友的反对，起了个大早把它买了回来。

每年，看到家中的女儿节饰品，我才会意识到节日的来临。或许，女儿节人偶就是专属我和母亲两人的乐趣吧。

女儿节糕点

小巧可爱的糕点，让大人看了也眼馋。

在碟子里放几块点心，就成了女儿节饰品！

还不动手试试！

充满季节感的包装，一口一个的小羊羹[10]，可作为简单的伴手礼。

菱饼由粉色（桃花）、白色（雪）、绿色（大地）三种颜色组成，象征着春天的勃勃生机。

樱花茶

樱花茶，用腌制的樱花冲泡而成。舒展的花瓣和淡淡的咸味，都会让人感受到春天的气息。

腌制的樱花，每包约500日元，咸菜店和茶坊有售。

直接使用的话，咸味较重。用水冲洗后再使用，味道会柔和许多。

慢慢倒入热水。花瓣也可食用。

春分

三月二十一日前后。

糯米（上）和糯米经蒸煮碾碎后制成的道明寺粉（下）。

用道明寺粉[11]制作的牡丹饼

“春分前后牡丹饼，秋分前后吃萩饼。”其实两种饼并没有太大的区别，只不过牡丹饼用的是豆沙馅和小颗粒的道明寺粉，而萩饼用的是红豆馅和糯米。或许是为了模仿两种植物吧，牡丹饼看上去很细腻，而萩饼看上去则颗粒感十足。

将道明寺粉放入水中，用微波炉加热，使其成为年糕状。加入腌制好的樱花或撒上青豆粉，和豆沙团串在一起，就成了一道应季的美食。

油菜花

三月中旬~四月上旬。
此时的连雨天被称为“油菜花梅雨”。

食用亦观赏

把油菜花插入有水的瓶中，你就能看见一抹赏心悦目的黄色了！

花期过后，用水焯一下，加些辣子，便可食用了。

柚子味的糖果(中央)。
◎菜花糖 / 大黑屋

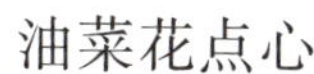

油菜花点心

放入盘中，再点缀几只蝴蝶形状的小点心，就像一片油菜花田吧！

用手撕开、散落其中即可。
◎菜种之里 / 三英堂

四月 ‖ 卯月

屋外樱花盛放，
屋内怎甘落后？
做着便当，插着花，
不负人间四月天。

赏花

日语中的“花冷”“花阴”，
说的正是这一时期变幻莫测的天气。

家中赏花

将樱枝掰开，插在不同的容器里，摆放在家中各处。一根樱枝，掰开后便可装饰多个花瓶！

樱花餐具

倘若桌子上摆放着这样的餐具，就算不出家门，心中也满是赏花的喜悦吧？

准备一张白纸和一根比叉子稍短的樱枝。

将白纸折成细长条状，也可以用白色丝带。

在叉子上打一个结，将樱枝插入其中。

无需烹饪的樱花便当

简单处理一下蔬菜，配上自己喜欢的酱料便可以食用了！把蔬菜和樱花拌饭装进盒内，可随时随地享受美味！

既可以带到外面吃，也可以在家中吃。一盒便当，一个开满樱花的世界！

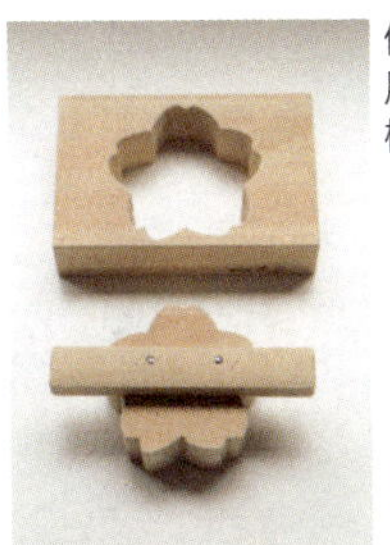

使用木制模具时，应先用水将它润湿。不锈钢模具则可以直接使用。

将腌制的樱花和煮好的米饭搅拌均匀。

放入模具之中。

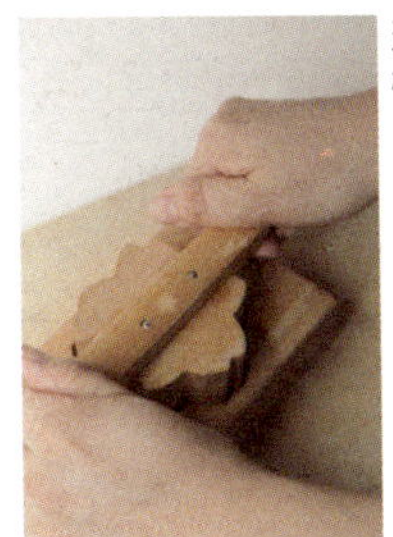

盖上盖板，同时提起模具。

用油炸过的八角金盘嫩芽、醋泡的新鲜牛蒡、用水焯过的芦笋、用甜醋煮过的土当归，可谓是春季野菜的“大聚会”。

酱料有加入白芝麻的大酱、抹茶细盐，以及加入蛋黄和酱油的极光酱。

可以用保鲜膜包着捏几个樱花饭团，食用起来也很方便。

◎春天的点心

樱花开放的时节，市面上会出现一种色如樱花的点心。平时一本正经的点心，忽然泛起了红晕，让人可发一笑。可作为野外品茶或赏樱时的茶点。

点缀着樱桃的豆沙包，和这个季节很配哦！

装在贝壳里的点心。贝壳寓意吉祥，可作为女儿节和祝贺用的点心。
◎和三盆糖 贝千年/本家长门屋

生八桥的糯米小点心。仅春季有售。
◎ KOTABE/ OTABE本馆

用白豆馅和熟蛋黄制成的点心。皮和馅的樱花香味，都充满了春天的气息。
◎旬之落文 丽/清风堂本店

小球似的糖果。别看小，却够味！
◎一口糖果子 转露（桃味）/俵屋吉富

野外煎茶

提起野外品茶，你是否也想到了油纸伞下品抹茶的画面？不过，简单的煎茶又有何不可？赏花的时候，带些煎茶也是不错的选择。

将热水装在保温杯内。多带几种茶叶，就会多增添几分欢乐！

八头芋

芋艿的一种。
观赏性的八头芋可于四月底从花店购得。

水培八头芋

20 多岁时，我从同事那儿学到了用水栽培八头芋的方法。刚买回来的八头芋，叶子还很小，不过几天后就大了一圈。八头芋是喜阳植物，倘若把它放在背阴处，叶子就会齐刷刷地转向太阳的方向。

◎专栏

铃兰手捧花

“结婚的时候，我要用院子里的铃兰作手捧花。”

“将来想做什么啊？”“想做新娘子。”小时候，我就梦想着有一天能成为一名漂亮的家庭主妇，全心全意地照顾好自己的小家。如果结婚时，能用自家院子里的铃兰作手捧花，该是多么幸福的一件事啊！

然而，成熟的代价就是失去童年的天真。踏入社会后，我不顾父母的担心，独自一人踏上了追梦的道路。

幸好老天眷顾，35岁的我，终身大事总算有了着落。我只跟未婚夫提了一个要求，那就是把我们的结婚仪式安排在铃兰盛开的季节……我并没有想太多，可是当我把这个决定告诉父母的时候，他们的惊喜之情让我永生难忘。

举行结婚仪式的前一天，爸爸将手捧花——一束用自家院子里的铃兰做的手捧花抱在腿上，乘着新干线远道而来。其实，我也准备了一封“感谢信”，因父母的要求没有念给他们听。不过我相信，这束手捧花一定能将我的感激之情转达给他们吧。

来自于作者相册。

五月 ‖ 皐月

翘首以盼的新茶是五月的恩赐。
收到新茶的那一刻，激动无比。
也许这就静冈人的执念吧。

八十八夜

五月二日前后。
立春后的第八十八天。

品新茶

四月末至五月上旬，是新茶上市的时间。立春后第八十八天采摘的茶，味道自不必说，两个“八”字也充满了吉祥的寓意。新茶特有的香气，沁人心脾，回味无穷。

新茶

众所周知，煎茶要用凉水冲泡，但新茶却可以用温水冲泡，因为这样更能保留住新茶的香味。

新茶的特点是茶叶柔软、香气清新。

将开水倒入茶杯，稍事冷却后，倒入装有茶叶的茶壶。

将茶水倒净。

一分钟后，慢慢地倒入茶杯。

蝴蝶花点心

淡淡的颜色，软糯的口感，与新茶绝配的形状，这个季节，一定不能错过的小点心！

◎京季之历（蝴蝶花）/ 鹤屋吉信

杜鹃和芍药

杜鹃盛放之时，
也是习惯了新生活的时候。

插一小束杜鹃

街道两旁的杜鹃，密密麻麻的，看上去略显浮夸。摘两朵放在容器里，便成了家中小小的风景。

让芍药开花的方法

芍药的花骨朵很硬，插在水中很难开放。不过稍加处理，就能让它开出大大的花！

轻揉芍药的花骨朵。

蜜汁溢出后，用湿纸巾擦拭。

初鲣

初夏，鲣鱼上市。
喜欢尝鲜的东京人，早已等候多时。

借日式糕点品初夏鲣鱼

拍松的鲣鱼肉是母亲的拿手好菜，也是五月休假回家探亲时，母亲招待我们的必备美食。

其实，在我们老家，不买新鲜的活鱼，也能品尝到鲣鱼的味道。这要归功于一种用当地的蔓草制成的羊羹。一块简简单单的点心，却让人品出了季节的味道。

二月上旬～五月下旬有售。
◎季节羊羹 初鲣/美浓忠

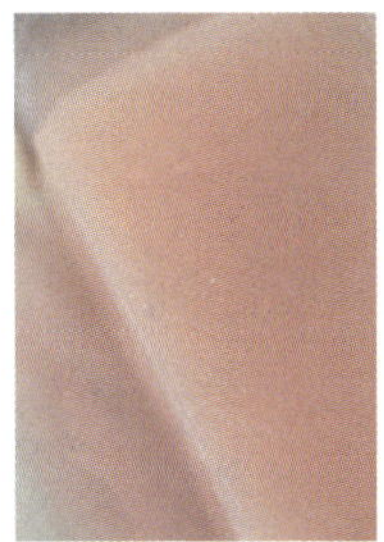

像极了鲣鱼刺身。用附赠的线来切，还会在表面留下花纹。

端午节

五月五日。菖蒲的节日。
据说，该节日起源于古时候农民耕种前的消灾仪式。

鲤鱼旗[12]盆栽

用折纸或正方形白纸折出鲤鱼旗的形状，用竹签插在花盆中，这就是“室内的鲤鱼旗”了。将它们摆在窗边，好似在绿绿的河水中四处游弋的小鲤鱼！

鲤鱼旗形状的鱼糕

鲤鱼旗形状的鱼糕，配上芥末酱油，是不是很适合儿童节当日的餐桌啊？

◎铃广的岁时记 鲤鱼旗套组 / 铃广鱼糕

鲤鱼旗挂件

“鲤鱼旗啊挂在家，刮风下雨都不怕！”鱼儿们缓缓地游弋，给家中增添了几分宁静。

◎江户风铃 / 菊寿堂 ISE 辰谷中本店

报纸头盔

用报纸做的头盔。孩提时戴在头上的东西，如今却扣在了各种物品上面。

大大小小的头盔，可以扣在水壶上、红酒瓶上，也可以套在钢笔上。

菖蒲浴

据说，菖蒲浓浓的香气可以驱邪消灾，而其药用成分还可以温暖身体。如果浴盆不大，放上一片菖蒲叶，便会香气四溢。

将菖蒲叶折几下，有助于香气释放。

扎在头上，会变聪明。

◎专栏

五月的全家福

五月五日是父母的结婚纪念日，因此每年五月我们家都会拍一张全家福。虽然我和哥哥成家立业后，拍全家福的时间改到了年初，但拍全家福的习惯一直延续至今。

翻开老相册，里面有哥哥装酷耍帅的照片，也有我处在叛逆期摆臭脸的照片……虽然并非全是其乐融融的画面，但无论提起哪张照片，父母总会津津乐道一番，脸上写满了幸福。

今年年初，父亲去世前一个月拍的照片成为了我们家最后一张全家福。虽然照片中的父亲看上去没有以前精神，但是他优雅的笑容从未改变过。

一年当中，我最喜欢五月。或许正是因为这个绿色的季节里埋藏着我戴着报纸做的头盔四处乱跑的记忆吧。

来自于作者相册。

六月 ‖ 水无月

在屋里静静地听着，
屋外淅淅沥沥的雨声，
这样的时光是否过于奢侈？

绣球花

雨后的绣球花明艳动人。
据说土壤的性质不同，花的颜色也会不同。

装饰绣球花

剪一朵绣球花，茎不必长，插入咖啡杯或较深的容器之中。这时，容器仿佛被花瓣淹没，好看极了。

倒吊在窗边，可以制成干花。

斜切花茎，取出中间的棉絮，这样可以延长观赏时间。

绣球花点心

模仿绣球花的花瓣做成的点心。梅雨天品茶时，放一个在碟子里，是不是添了几分情趣?

◎季节之花 落雁（绣球花）/ 创作果子 悠

香鱼

当钓香鱼的消息传到耳边时，
夏天就要到了。

香鱼点心

香鱼点心，大都是皮如蛋糕，馅如饴糖。不过，我更喜欢这种形如仙贝，口感爽脆的香鱼点心。

◎烧鲇 / 玉井屋本铺

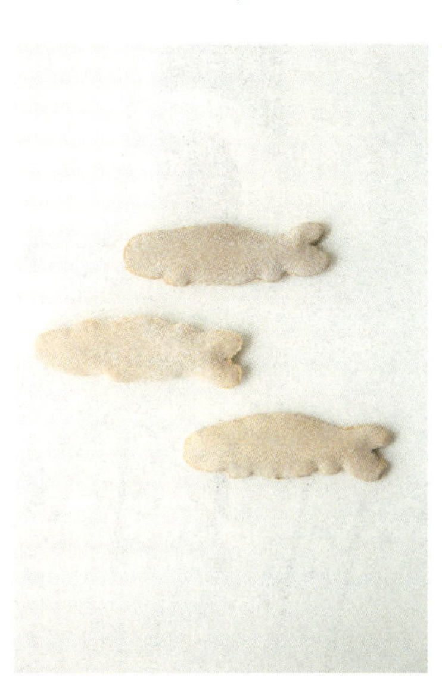

梅雨

六月十一日前后便进入了梅雨时节。
所谓“梅雨”，就是青“梅”成熟时下的“雨”。

雨靴，雨天给人增添活力

一想到梅雨天湿漉漉的鞋子，心中就难免不快。这时，雨靴就成了必备之物。有了它，雨天的出行也变成了一种乐趣。

伞柄上的美纹胶

在塑料伞柄上做点文章，怎么样，一眼就能从伞架上认出自己的雨伞吧？而且持在手上，心里也美美的。

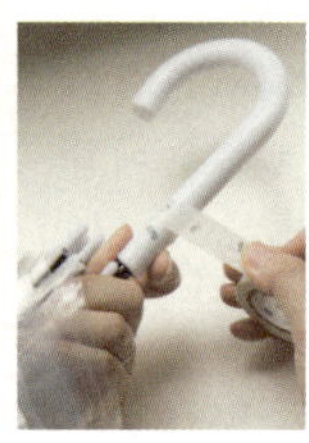

手握的地方不要缠，以免弄湿。

除臭、去湿、抗菌的扁柏

扁柏，具有良好的抗菌作用，放在家中可以除臭、去湿、防虫。此外，它的香味还具有安神的功效，是名副其实的家居小帮手。

将扁柏叶放在室内，能够净化空气。
◎扁柏叶 / 扁柏工房

扁柏的边角余料。请向附近的扁柏专卖店询问具体的使用方法。
◎扁柏碎片 / 扁柏工房

将扁柏的边角余料切成小片，装入无纺布袋内。

→

放在鞋子、冰箱、衣柜内，有除臭、去湿的作用。

→

扁柏有抗菌的作用，放在花盆里，可以延长植物的寿命。

柜子里的竹炭

竹炭，也是去湿、除臭的佳品。将竹炭装入纱布袋，挂在柜内即可。效果减弱时，还可以水洗，既方便又实用。

竹炭，家居用品店有售。打对折时，每组约为500日元。

巧用茶叶去厨房异味

菜做好后，炒些茶叶，这样一来，茶香就可以将厨房中的异味赶跑了。

泡过的茶叶有什么用呢？

泡过的茶叶也有除臭的功效。放入微波炉加热一小会儿，就可以去除微波炉中的异味了。

擦玻璃。先用湿茶叶擦拭一遍，再用干抹布擦净即可。

在锅中放一张纸巾，防止茶叶受到污染。

用小火烘焙。烘焙好的茶叶就是我们常说的“焙茶”。

花瓶上的绿与白

多雨的季节，如果在房间里点缀些绿色和白色，视觉上一定会明亮许多。摆上从花店或杂货店淘来的独一无二的白色花瓶，屋外的雨再大，屋内也是晴天。

买一株利休草，插入细口瓶内，优美的藤蔓，让空间多了几分清凉。

形如鸡蛋的花器。在开孔处插几枝花，就是一件有模有样、独一无二的艺术品了。

拿掉盖子，就变成了大容积的花器。

紫苏茶

用紫苏叶冲泡而成的日式药茶。潮湿的雨季，喝上一口紫苏茶，清新的香气和清凉的感觉，定会让您神清气爽。

多准备些紫苏叶。

→

将紫苏叶装进带嘴儿的杯中。

→

倒入开水。冷热饮均可。

夏至

六月二十一日前后。
一年中白昼时间最长的日子。

蜡烛

夏至前后，暮色也姗姗来迟。关了灯，点起蜡烛的活动在各地兴起。没有烛台，用耐热的玻璃杯，或者小碟小碗也可以。烛光笼罩的房间里，夜开始了。

注意蜡烛与桌面之间的隔热。

一盏烛灯，一个人的晚餐。

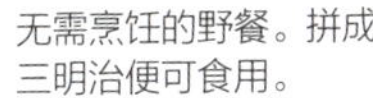
无需烹饪的野餐。拼成三明治便可食用。

小巧的保冷袋和水壶是夏季的必备物品。塑料盒中装有保冷剂。

最喜欢的野餐篮子。虽然难得一用，但野餐时它就是“主角儿”。

家中野餐

白天越来越长时，出门野餐是不错的选择，然而梅雨却常常从中作梗。这时候，我的篮子就该登场啦，谁说在家里就不能野餐的?

仲夏节

在冬季漫长的北欧国家，夏至是一年中最快乐的节日。这一天，有些地方还会出现极昼现象，因此很多人选择在这一天举行婚礼，举办舞会，场面热闹非凡。

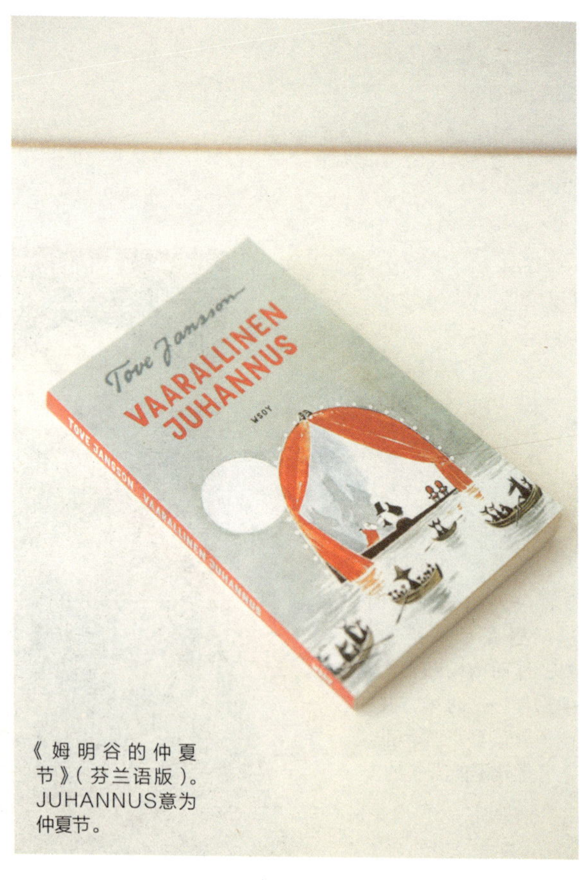

《姆明谷的仲夏节》（芬兰语版）。JUHANNUS意为仲夏节。

夏越之祓

六月三十日。上半年的最后一天。
食用“水无月果子”，赶走一身晦气。

用琼脂制作的“水无月果子”

“水无月果子”多由米粉制成，呈三角形，晶莹剔透，上面的红小豆寓意吉祥，能消灾辟邪。这里，我们用琼脂代替米粉，制作起来就简便多了。

选用琼脂条或琼脂粉，易溶解，好处理。

将溶化的琼脂倒入方盒内，放在水中冷却。

切成三角形，撒上甜纳豆。也可以根据个人喜好，加入适量的红糖浆。

母亲穿过的浴衣，
是有松[13]绞染的面料。
再热的天，
穿上它，都能感到凉风习习。
或许是因为我长高了吧！

七夕

阳历的七月七日还处在梅雨时节，
此时的雨就当是盂兰盆节前洗涤身心的雨吧。

用折纸扮七夕

一到七夕，就忍不住想把自己的愿望写在纸片上。每人三张纸片，早已成为了我俩的习惯。一张是自己的愿望，一张是对他（她）的祝愿，还有一张是对猫咪的祝愿。

矮竹，可于七夕前一天从花店购买，当然也可以问邻居要。建议安插在高一点的花瓶内。

这些纸片，满载着我和友人的祝愿！

折纸。通常要用五色纸。为了简便，我只选用了三种颜色。

↓

将纸三等分，裁开后一张纸就变成了三张纸片。

↓

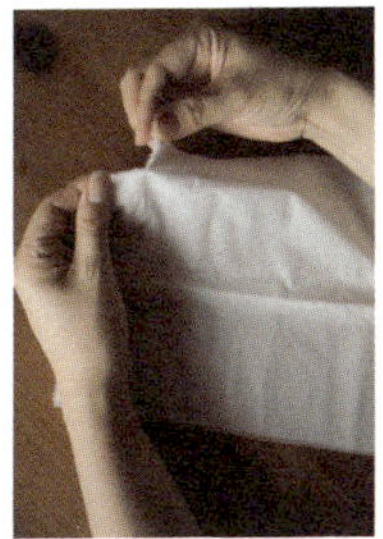

将纸巾撕成 1~2 厘米宽的纸条。

↗

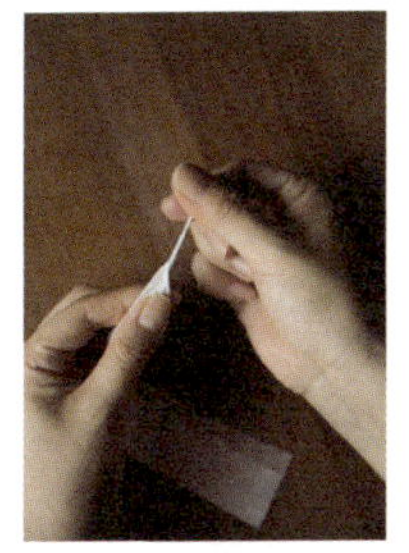

从一端起捻成细绳。

↓

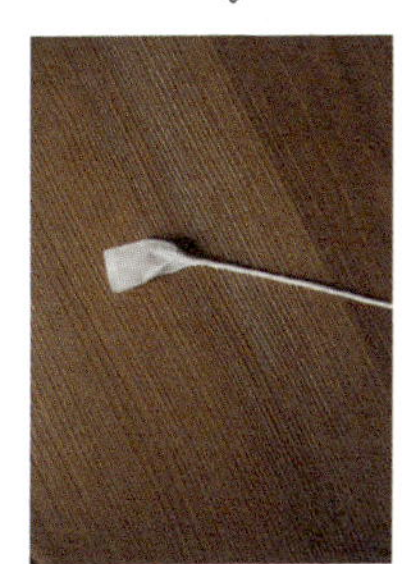

另一端保持原状。

↓

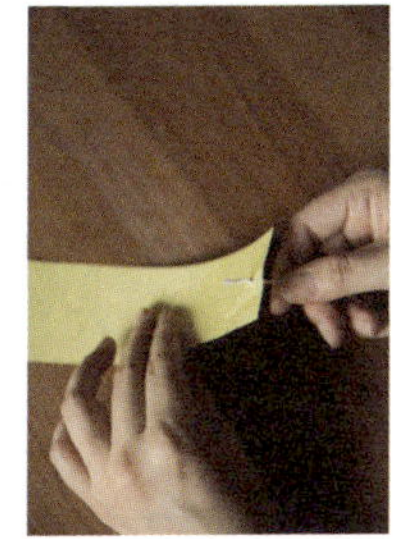

在纸片上开一个小孔，穿入细绳。

↗

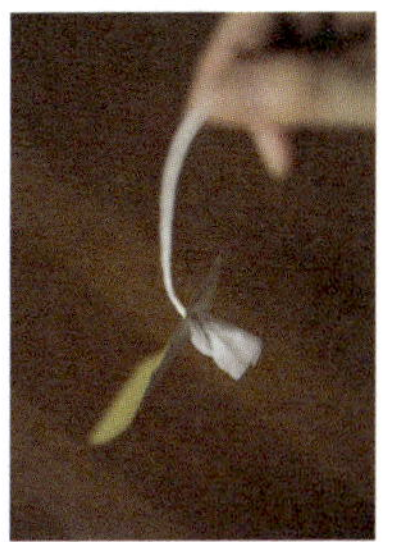

没捻的一端会卡住纸片。

↓

将写着愿望的纸片系在矮竹上。

一次，老公因公出差，我们在那里迎来了七夕。由于当地没有矮竹，我突发奇想，把纸片挂在了晾衣架上。其实，很多绿植和物品都可以作为矮竹的替代品。

牵牛花

如果养得好，
花期可延续至十月。

牵牛花展

每年的七月六日至八日，入谷的鬼子母神地区都会举办牵牛花展。由于老公婚前曾居住于此，所以哪一年的花市，都少不了我们的身影。

竹条搭的架子上，五颜六色的牵牛花正等待着它们的主人。不过，要想欣赏到怒放的牵牛花，就得起个大早了！

酸浆

红红的果实像一个个小灯笼，
作为盂兰盆节的饰品恰如其分。

酸浆搭配湿毛巾

在湿毛巾旁放一个酸浆，便充满了夏日风情。搓搓果实，酸浆散发出的香气还有助于缓解疲劳。

酸浆和浅筐，也是夏日的绝佳组合。一抹亮色点染了整个房间。

食用酸浆

食用酸浆比观赏酸浆小一圈，呈淡黄色。口感类似于小番茄，而味道更像荔枝，总之作为零食非常不错！

金鱼

夏天的风景。
江户时代，一到傍晚巷子里便会响起卖金鱼的叫卖声。

鱼形羊羹

小时候，一说到节日，我最先想到的就是捞金鱼。不过，笨手笨脚的我每次都得让哥哥代劳。

这回是用羊羹做的金鱼，看你们还往哪里跑？我用的是佐贺县的小城羊羹，主要原料为琼脂，因此水水嫩嫩的，容易脱模。另外，羊羹外层脆脆的糖壳也非常好吃，可别浪费了哦！

将羊羹切成 1 厘米厚的小块。
◎小城羊羹 · 特制切羊羹“红炼”/村冈总本铺

↓

用金鱼形状的模具按压。模具可以在烘焙店或厨房用品专柜找到。

↓

用棉签将模具内的羊羹推出。用棉签推可以避免羊羹受损。

金鱼灯笼

金鱼灯笼是山口县柳井市的传统工艺品。金鱼圆圆的小嘴，看上去十分可爱。挂在窗边，随风摇摆，看着看着，咦，怎么有了睡意？

据说到了七月下旬，柳井市的百姓会在自家的屋檐下点起灯笼。

鱼缸果冻

透明独立包装的果冻。

波浪形的缸口，玻璃材质的老式鱼缸。用它养几条金鱼多好啊！然而，对于住在公寓里的我来说，那只能是个梦。

不过，把果冻和冰块放进鱼缸，再注入一定量的水，怎么样，就像鱼儿在水中游吧？凉凉的果冻，风味绝佳。这个创意还可以用来冷却夏季的水果和饮品！

风车

玻璃器皿可以作为花盆盛放绿植，也可以放些白色的石子，插上风车作为装饰。怎么样，鱼缸和风车的完美结合，看着就会感到一丝凉意吧！

金鱼花纹的手帕

手帕，是营造季节感的最简便的物品。根据不同的季节，选用不同的花纹。招待客人也好，放在厨房也罢，都会增添几分情趣。图片中，鱼缸里虽然没鱼，但透过玻璃，手帕上的鱼儿仿佛在游来游去，你看到了吗？

土用

季节更替的时期。夏季的土用，即立秋前的十八天。这一期间的丑日，称为土用丑日[14]。

丑日鳗鱼饭

天气炎热的夏季，人们常会食欲不振、浑身乏力。这时，营养丰富的鳗鱼绝对是不二的选择。我的老家——滨松市，因养殖鳗鱼而家喻户晓。因此，每年我都会收到从家里寄来的鳗鱼。

收到鳗鱼的那天，我会做一大份鳗鱼饭，美美地吃上一顿！

调酒器
冰抹茶

炎热的夏季，来一杯冰抹茶吧！什么，冰抹茶很难做？放心，用调酒器就搞定了！

在调酒器中加入两小勺抹茶。

→

加入冰块和40毫升水。

→

摇晃至冰块声减弱为止。

大暑

七月二十三日前后。
一年中最热的季节。

千代纸[15]上的暑期问候

从大暑到立秋（八月七日前后），是进行暑期问候的时间。千代纸、和纸以及印有夏季图案的明信片都是不错的选择。

穿浴衣出行

我穿和服的机会很多，但梅雨过后，我更喜欢穿浴衣出门。回家后，简单喷熨、晾干即可。夏天过后，再送到洗衣店彻底清洗。

木屐的日常护理

每次出门回来，我都会将木屐擦拭干净，再装进鞋柜。即使偶尔被雨淋湿了，只要及时擦干，也不会出问题。

木底板上的污迹，可以用细砂纸轻轻擦掉。

用牙刷去除鞋带上的污渍。

八月 ‖ 叶月

鞭炮的轰响，
清脆的风铃，
孩童的笑语，
聒噪的蝉鸣。
暑假的声音，
才是仲夏的声音。

傍晚乘凉

炎炎夏日，
人们最期盼的就是傍晚的一丝清凉吧！

线香烟花

大型的烟火晚会有它的绚烂，小巧的线香烟花也有它的精美。日本国内生产线香烟花的厂家屈指可数，筒井时正便是其中之一。线香烟花虽然纤细，却能给人带来无尽的欢乐。看着它努力发光的样子，人们早已忘记了夏日的炎热。

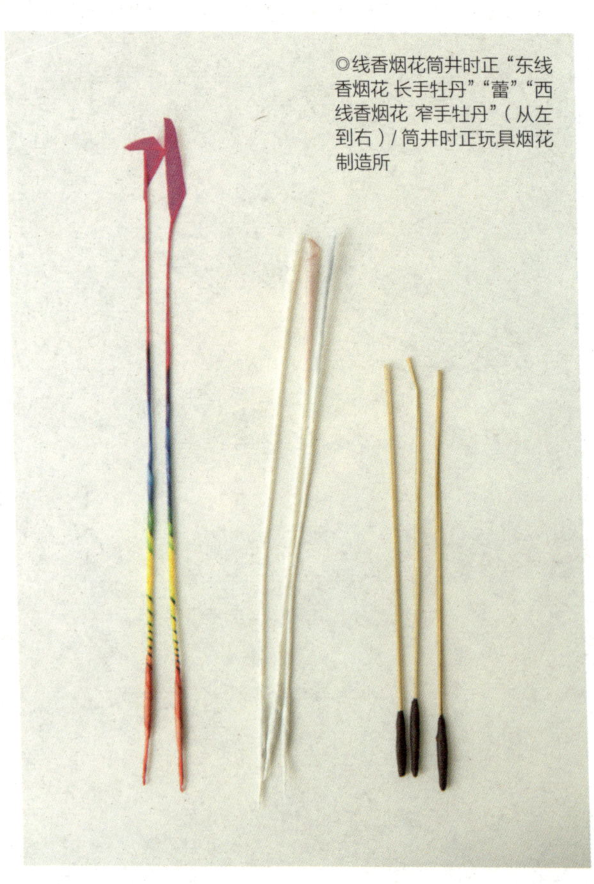

◎线香烟花筒井时正“东线香烟花 长手牡丹”“蕾”“西线香烟花 窄手牡丹”（从左到右）/ 筒井时正玩具烟花制造所

燕尾夹吊起的风铃

住在老房子的时候，因为有屋檐，所以可以将风铃系在帘子或竹竿上。可是搬进公寓后怎么办呢？我想到了这么一个办法。

制作方法和材质不同，风铃的声音也不尽相同。图中的风铃是我从百元店买来的，而绳子和纸片是我自己更换的。

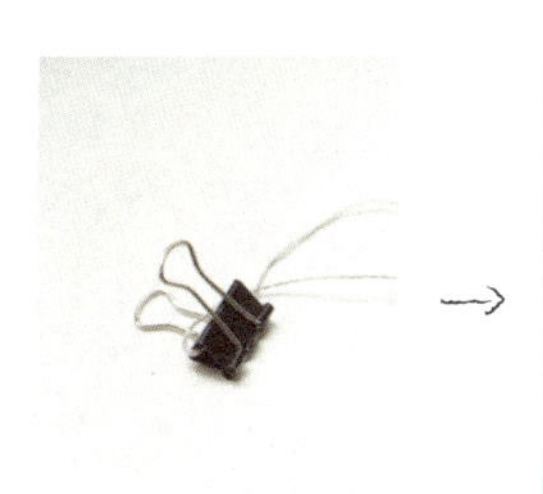

将风铃系在燕尾夹上。

夹在窗框上即可。玻璃制品，要当心掉落。

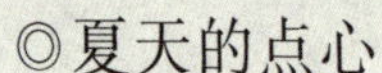

◎夏天的点心

萤火虫、合欢扇、贝壳。清凉一夏的小物品。

模仿水面上的薄冰和河边的萤火虫制成的点心。
◎季节之薄冰“萤”/薄冰本铺五郎丸屋

海苔馅、贝壳形状的和三盆糖果。
◎和贺江岛/丰岛屋

外面为糯米皮，里面为红酒风味的软糖。
◎纸风船/果匠 高木屋

水果味点心。冷食风味更佳。
◎香 TORI 石/鹤屋吉信

将 15 厘米长的乃至梅切成一个个小正方形，方便食用。
◎乃至梅/乃至梅本铺佐藤屋

团扇形状的仙贝，上面是用糖描绘的图案。
◎加贺志 KISI 团扇煎饼/加藤皓阳堂

冰出玉露

品茶方法：按住冰块，倾斜浅盘，即可饮用。

所谓“冰出玉露”，就是在茶叶上放一块冰，等待30分钟后形成的茶水。寥寥几滴，却浓缩了玉露的精华，绝对是炎炎夏日的上品。

剩余的茶叶，滴上几滴橘醋，便是一道美味的凉菜。

玉露茶叶，呈浓绿色，有肠浒苔[16]的香味。

将一小匙茶叶倒入浅盘，放一块较大的冰。

放置30分钟。图中用双手才能抱起的大沙漏，测量时间刚好为30分钟。

随身携带的驱蚊器

放置蚊香的小道具。我的驱蚊器直径约为9厘米，野外玩耍也好院中干活也罢，都少不了它。不出屋时，无论在厨房做饭，还是在卧室休息也都有它做伴。由于体积小巧，所以就算洗脸、刷牙、上厕所也能随身携带。另外，把它放在玄关，就能把蚊子挡在门外啦。

盖上盖儿，还可以悬挂。

随身携带的驱蚊器，家居用品店有售，价格从100~500日元不等。

◎专栏

父亲的摩托车

盂兰盆节期间，很多人会在家中摆放安腿儿的黄瓜和茄子。据说，安腿儿的黄瓜代表马，希望故人快点到家，而安腿儿的茄子代表牛，希望故人慢些离去。

另外，还有些地方认为，故人要乘着黄瓜做的马来，要用茄子做的牛把供品驮走。今年是父亲去世后的第一个盂兰盆节。父亲生前好打扮，喜欢新鲜事物，我无论如何也想象不出父亲骑着黄瓜回来的模样。我和哥哥一说，他便买来了一辆小小的摩托车模型。

后来我们才知道，父亲第一次和母亲见面时，就是穿着皮夹克，骑着摩托车的。我想，父亲一定会喜欢我们为他准备的摩托车吧。

所有的风俗都有它的渊源，所有的习惯都有它的意义。但是，我们不应该被形式所束缚，而应该了解每个习俗背后的本来目的，去体会每个节日的真正意义，在这个基础上，按照自己的想法表达我们的心意。

据哥哥说，他买的摩托车模型出自当地工厂，市面上十分罕见。我想，父亲一定会得意扬扬地骑着摩托回来吧，而我们的心里也多了一丝安慰。

暑假

高温天气会一直持续到处暑（八月二十三日前后）。

绿色枫叶与清水挂面

夏季的正午，能吃上一碗凉凉的挂面，绝对是无比幸福的事！如果在清水挂面上放一片干净的绿色枫叶，怎么样，凉意十足吧！

奶油苏打水

说到奶油苏打水，你是不是也很怀念呢？其实，只要有一瓶做刨冰用的糖浆，就能在家制作！怎么样，不加冰的果味苏打水看上去是不是也很诱人啊！

准备一瓶做刨冰用的果味糖浆和一瓶苏打水。如果喜欢口味清淡的，可以选择无糖的苏打水。

将糖浆和苏打水按1:4的比例混合。也可以根据个人口味调整。

慢慢地倒入苏打水，再放入沙冰和香草味的奶油就完成了。

茶水刨冰

茶水刨冰，虽然不及宇治金时[17]那么好吃，却另有一番风味。低糖的茶水刨冰，很符合成人的口味，吃完后唇齿留香。

绿茶、焙茶、红茶都是不错的选择。

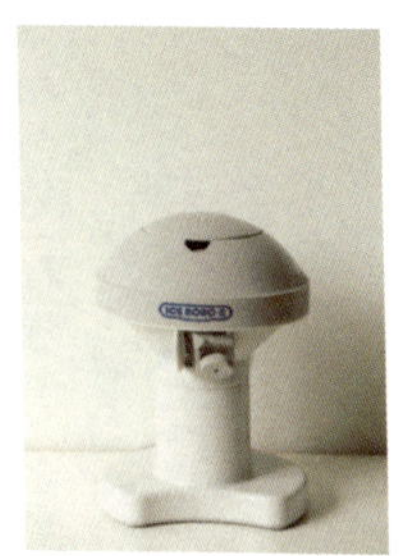

刨冰机。小巧的刨冰机，用起来十分方便。

将砂糖加入泡好的绿茶中，使其充分溶解并冷却。

◎ 专栏

清理日

偶然一个机会，我对芬兰产生了极大的兴趣。目前，我正在大学攻读北欧学专业，每天聆听讲义。我很想知道这样一个福利完善、男女平等、学术顶尖、有森林有湖泊、自然环境优美的国家究竟是如何形成的。

芬兰有一些新颖别致的活动，比如，空弹吉他大赛、背老婆跑大赛、扔手机大赛，等等。还有一些创意十足的节日，比如，在自己家或公园里开餐厅的“餐厅日”，等等。

其中，他们在五月末和八月末举办的“清理日”给我留下了深刻的印象。这一天，任何人都可以摆摊出售二手物品。这个活动的目的并不是为了处理自己不需要的物品，而是尽可能地提高物品的使用价值。自己不用的物品，对别人而言可能有用，物品换了主人或使用方法，可能会更有意义。

两年前，日本各地也出现了类似的活动。希望人们将这一理念根植于心，那样我们的生活将更加丰富多彩！

正式的标签上，不光有标注价格的位置，还有专门为物品的说明和个人感想留的位置。
◎ http://cleaningday.jp/

九月 ‖ 长月

秋天的月亮，
从新月到满月都那么好看。
渐圆的月亮，
是你，照亮了我回家的路。

重阳节

九月九日。菊花节。
生命力顽强的菊花，蕴含着人们对长寿的渴望。

菊花点心拼盘

将去柄的菊花和菊花形状的点心拼成一盘。菊花的保水性很强，即便没有水，也能放置半天。

怎么样，这样一个拼盘，是不是很符合重阳节的氛围？作为品茶时的点心也不错吧！

◎野菊 / KAGIYA 政秋
也可以用菊花大小的年糕块或豆果子。

剪掉花柄，用酒精轻拭花瓣。

将点心放入红色的盘中，当然，碟子或小碗也可以。

将菊花摆入盘中，注意菊花和点心的搭配。

准备几种颜色的小菊花。

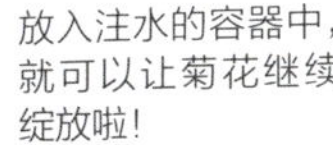

放入注水的容器中，就可以让菊花继续绽放啦！

菊花汽水

“过重阳节，喝菊花酒”，这是千百年来的传统。不过，用汽水代替酒又如何呢？当菊花在杯中摇曳的时候，你是否感受到了秋天的气息？

我用的是无糖汽水，当然也可以根据个人的喜好，使用其他汽水。

食用菊花。超市有售。

注入冰汽水，一杯清爽的菊花汽水就做好了。

乒乓菊

菊花，是典型的和风元素。但一种名为“乒乓菊”的菊花，因其华丽的外形，常被用作新娘手中的捧花。控制花柄的高度，花朵会长成球形，样子十分可爱。乒乓菊和其他菊花插入抹茶碗中，是不是很好看？

就像一只毛茸茸的小狗，可爱极了！

赏月

农历的八月十五日。芋名月[18]。
农历的九月十三日。豆明月、栗明月[19]。

三五个赏月元宵

通常，农历的八月十五要在供桌上摆15个元宵，而九月十三要摆13个元宵。为了简便，我们取个尾数也无妨吧！

糯米粉加入等量的水。

揉成小元宵。拿出3~5个作为供品，剩余的煮熟食用。

4个+1个=5个，
2个+1个=3个。
均为上下两层。

兔形剪纸

当作碟子可以盛放赏月的点心，当作便签可以写下季节的问候。单这么一放，也是一件可爱至极的装饰品！

◎型拔纸（兔子）/ 蹦蹦堂

兔形羊羹

您还记得金鱼羊羹吗（P88）？这次是它的姊妹篇——兔子和月亮羊羹。黑色的是兔子羊羹，黄色的是月亮羊羹。

在圆盘里放一只“小兔子”，便是“月兔”的形象。怎么样，别有一番情趣吧！

秋日七草

芒草等秋季的七种野草，
亦是赏月时最为应景的装饰。

葛根汤

“春天七草可以食用，秋日七草供人观赏”，话虽如此，其实秋日七草中也有美食，从葛根中提取出来的葛根粉，用开水一冲，便是最好的暖胃佳品！

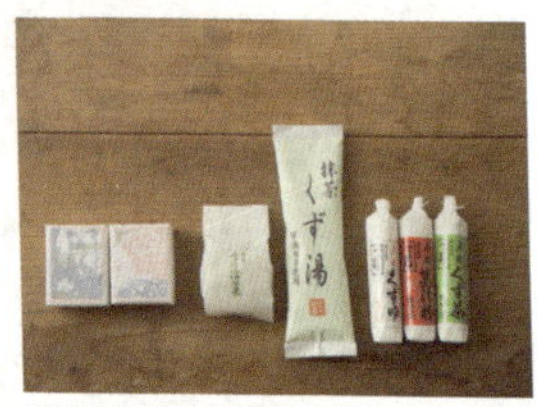

葛根粉多为粉末状或块状，用开水冲泡后即可食用。

倒入热水，小鸟就会浮出水面。
◎不老泉 / 二条若狭屋
（包装请见上方照片）

秋分

九月二十三日前后。
这一天，昼和夜的长度相同。

糯米萩饼

萩饼的名称来自于花名（请参见P46）。制作萩饼时，需先将煮熟的糯米碾碎。不过，为了让萩饼颗粒感十足，我直接用了煮好的糯米饭。

在保鲜膜上铺一层薄薄的豆馅，再包入煮好的糯米饭，瞬间完成！而且还不会弄脏手，怎么样？

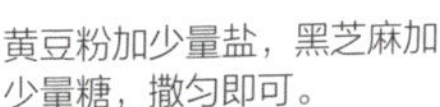

黄豆粉加少量盐，黑芝麻加少量糖，撒匀即可。

松涛

当松针结露水的时候，当松林长满松露的时候，松林间就会传来宛如开锅的风声。

松枝和松露馒头

松露馒头，蛋糕皮、豆沙馅，是佐贺县的名点。放一根松枝，让盘子承载一片松林。

◎松露馒头 / 大原松露馒头本店

通常按条出售，可自行切成小块。

味噌松风

味噌松风，是在酱香味的面坯上撒些罂粟籽，经烤制而成的小点心。此外，在铝箔纸上铺好肉馅，经烤制而成的“松风”，还是新年菜谱上的一道经典佳肴呢。

九月茗茶

冰水焙茶

虽然按照农历此时早已入秋，但闷热的天气还在继续。这时，如果能喝上一杯冰水焙茶，人们就会相信秋天真的来了。

将冰块放入茶碗。

→

将焙茶倒入带嘴儿的容器之中。

→

再将焙茶倒入茶碗中，随着冰块融化，慢慢品味这道凉茶吧！

十月 ‖ 神无月

附近的学校满树银杏，
街道的两旁遍地落叶。
日日皆可赏红叶，
何须远行？

赏红叶

日本的红叶树众多。
从平安时代起，赏红叶便成为了日本人的习惯。

落叶入盘

秋天的街道，落叶满地。拾一些放在盘子里，就是一场秋天的“盛宴”。

落叶竹笼

将树枝插入竹笼，周围点缀些落叶。玄关前的鞋柜、书架的顶部等都是它的“用武之地”。

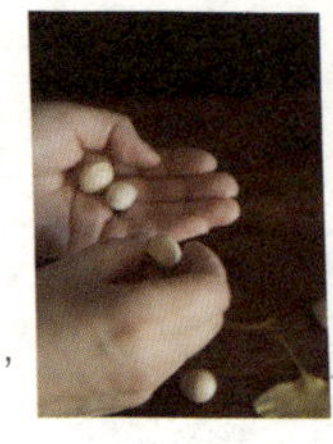

可以食用的银杏，
也是精致的摆件。

秋日长夜

秋分过后，夜越来越长。
虫儿的叫声，伴我入眠。

秉烛夜酌

一张方桌、一壶清酒、一碟小菜，秋天的傍晚如此惬意。关上灯，燃起蜡烛，时间仿佛也放慢了脚步。

选用小巧的器皿，就像过家家一样，感受那小小的幸福。

万圣节

十月三十一日。西洋传统节日。
一些人认为，这天才是一年的终点。

贝贝南瓜灯

不必刻出脸形，只要切掉顶部，挖掉瓜瓤，就是一盏烛台！

贝贝南瓜是一种小型南瓜，只有手掌般大小。

放入吸水海绵，插上秋日的野花。

放入黄油，用微波炉加热后即可食用。

◎秋天的点心

硕果累累的秋天，就要吃果实形状的点心。

毛豆形状的点心 豆落雁（上）板栗形状的肉桂糕点（下）。
◎京季之历（栗）/ 鹤屋吉信

红糖做的金平糖。
◎松木履 / 丰岛屋

栗子形状的糖果，有淡淡的板栗香味。
◎栗顷 / 梅香堂本店

球根花卉

**春夏的花期一过，
花店里便摆满了球根花卉。**

水培球根

秋天是植物水培的最佳时节。种下串铃花、风信子……让我们等待春暖花开。

没有水培专用容器时

将铁丝弯成球状。

→

放在杯子或瓶子里，作为支架。

→

注意：无需将球根全部浸入水中。另外，要给根须留出生长空间。

手工玄米茶

在茶叶中加入炒好的玄米，就是本月为您推荐的茗茶。玄米，富含膳食纤维和营养元素，能够有效缓解苦夏过后的疲惫感。

将等量的茶叶和炒玄米混合在一起，倒入热水，香气扑鼻。

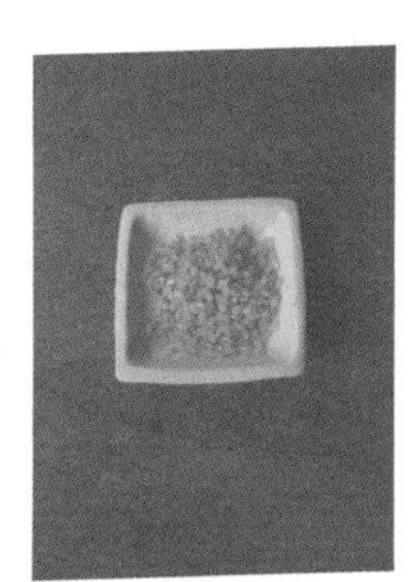

玄米，应放置在冰箱内保存。

用小火加热的同时，摇动煎锅。

只要有几粒像爆米花一样爆开，就可以关火了。

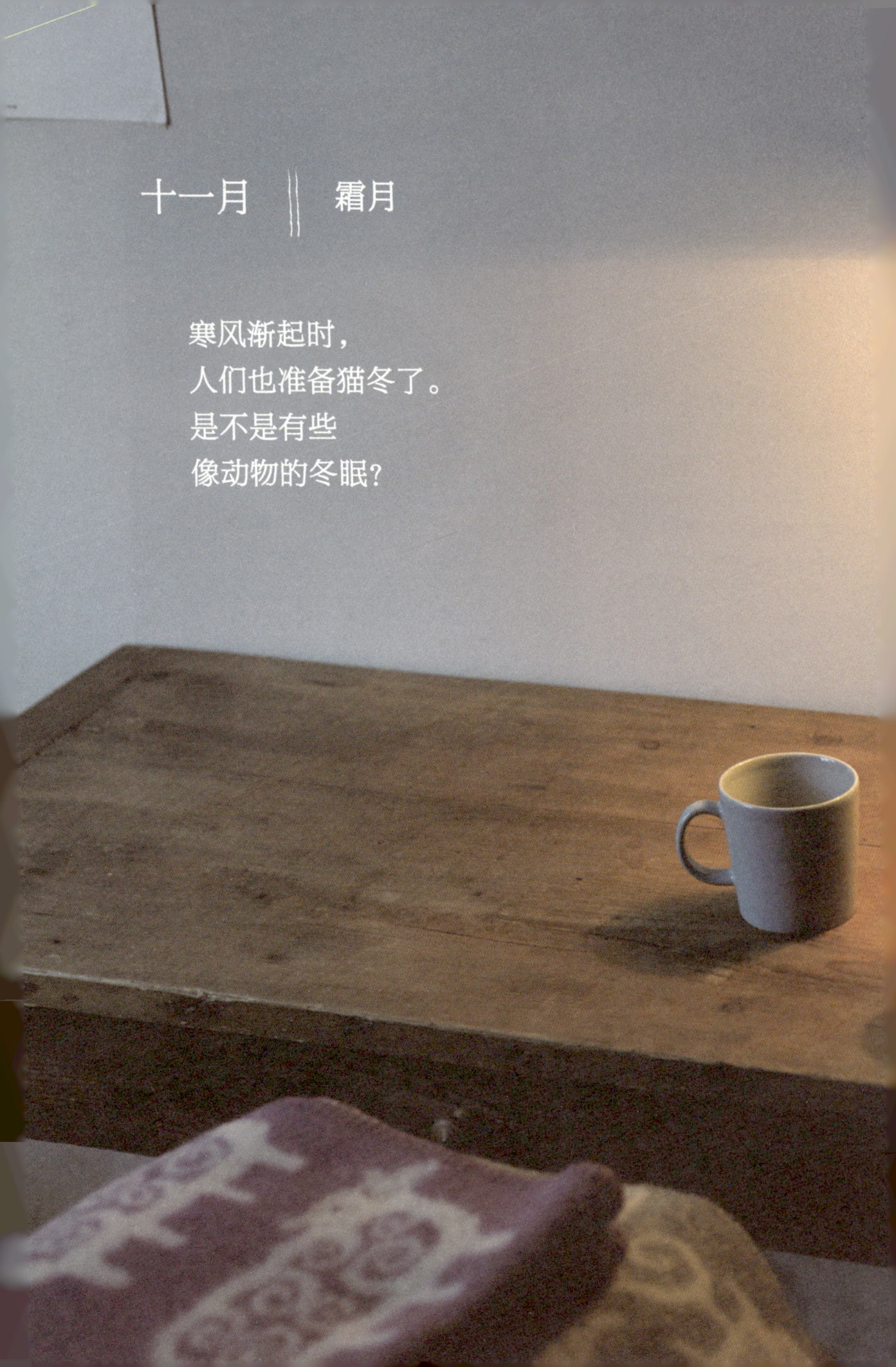

十一月 ‖ 霜月

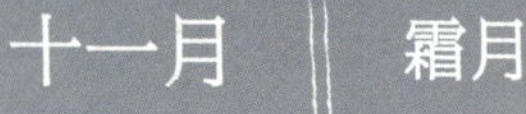

寒风渐起时，
人们也准备猫冬了。
是不是有些
像动物的冬眠？

开炉

亥，五行属水，水能克火。故在这天生火取暖。家里打开被炉[20]日的习惯也来源于此。

烧炭取暖

十一月，是“茶道爱好者的正月”。夏天封存起来的火炉“重出江湖”，春天装进罐内的茶叶也被撕掉了封印，茶室终于迎来了“新年”。

当炭火登上舞台的时候，家中便要准备过冬了。

用炭烧水在我家很难实现，不过，白色电磁炉和黑色水壶的搭配也不错。
注意：不同的加热设备应选择不同类型的水壶。

亥子饼

为了庆祝丰收，人们会在农历十月的第一个亥日（十一月上旬）食用亥子饼。此外，亥子饼还可以作为开炉茶会的点心。

加入芝麻、大豆、小豆，捏成小猪的形状。这个季节，蛋糕店大都有售。

红豆年糕汤

为了庆祝五谷丰登，人们会在开炉茶会上食用红豆年糕汤。在烤好的年糕上加一大勺煮熟的红豆即可。怎么样，很简单吧？

为了方便，您还可以使用红豆罐头。

立冬

十一月七日前后。
今年的第一股寒流就要来了。

膝盖毯

我怕冷，却喜欢屋内暖暖的冬天。我有一块小小的膝盖毯，无论坐在沙发上休息，还是回到卧室里睡觉，总少不了它的陪伴。

往年，猫咪总要和我抢毯子。今年，它走了，不再和我抢毯子了，我却感到了一丝寒意。

冰糖柚子酱

无论梅干、藠头[21]，还是大酱，我都想亲自动手做，怎奈技不如人。不过，柚子酱则另当别论。只要将柚子和砂糖装进罐子里放上一个月就好了，省时省力，却能美美地享用一个冬天。

制作柚子酱时，我会将柚子连皮带核全放进去，虽然有点偷工减料，但味道刚好不太甜，更符合成人的口味。

放一层切好的柚子，放一层冰糖，重复进行直到装满为止。

→

常温放置一个月。可以涂在面包上，也可以掺在酸奶中食用。

→

用热水一冲，就成了一杯柚子茶。里面的柚子也可以食用哦！

收获

核桃、葡萄、银杏。
干果和水果的大聚会。

大月饼

在中国，赏月时要吃月饼。月饼里既有核桃等干果，也有葡萄等水果，可以说，月饼里装的正是硕果累累的秋天。

大月饼，需要提前几周预订，打开盒子的那一刻，收获的是无限喜悦。它是简单的伴手礼，更是馈赠好友的佳品。

右边是普通大小的月饼，这下知道为什么叫大月饼了吧？

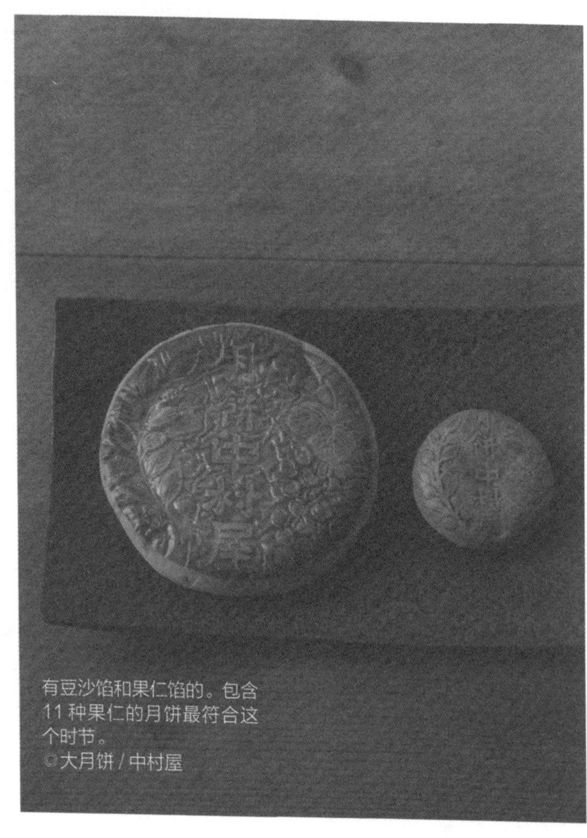

有豆沙馅和果仁馅的。包含11种果仁的月饼最符合这个时节。
©大月饼 / 中村屋

核桃夹

图中的核桃夹，利用了螺纹的原理，只要轻轻旋转，就可以将核桃夹开。

放入核桃，旋转螺纹。

一口一个的栗羊羹，易于保存，方便随时招待客人。

“潘趣趴”

家中有多种水果的时候，就开一个“Punch Party”吧！话说，图片中的潘趣杯[22]还是我的嫁妆之一呢。春天来点草莓，秋天来点苹果，一年四季不重样！

葡萄提前冷冻好，就不用放冰块了。

加入苹果酒，盛入碗中即可食用。成人的话，也可以加入香槟或红酒。

深一点的碗和盆也可以。盛入玻璃杯或马克杯中即可食用。

迷你海带筐

用海带编成的小筐。用它装油炸食品，就可以连筐一起吃下去啦！海带筐很迷你，放两颗银杏就满了。放在桌子上，你是否会惊觉原来秋色将尽。

直径约为4厘米的迷你海带筐。

◎海带工艺品（圆筐）/GIBOSHI

七五三㉓

十一月十五日。
祝愿小朋友们健康成长的传统节日。

和纸千岁饴㉔

从塑料袋中取出千岁饴，用和纸分开包装，这样不仅可以作为节日礼物，还可以作为日常的伴手礼。

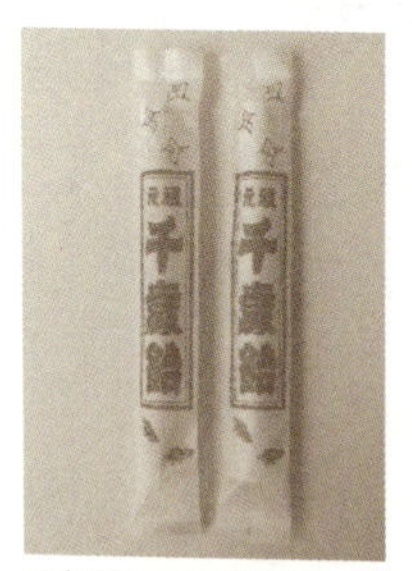

又细又长的千岁饴，寓意孩子们顺顺利利地成长。

→

素色的和纸看起来比较成熟，有花纹的和纸看上去比较喜庆。

→

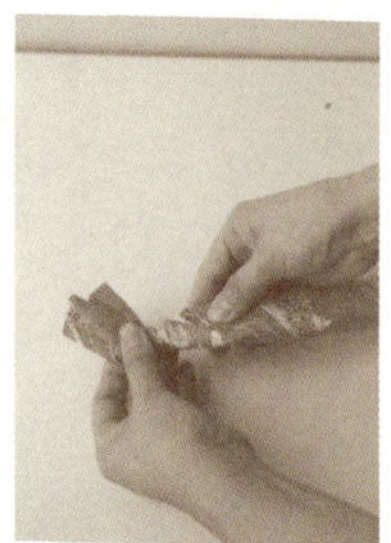

包好拧紧即可。这么漂亮的千岁饴，就算只有一根也拿得出手吧！

茶碗抹茶

抹茶，因其冲泡方法烦琐，使很多人望而生畏。不过，用茶碗又怎样？吃完饭、休息时，随时随地喝一碗！

没有抹茶专用的茶匙，就用调料勺代替。

买一支便携式的茶筅[25]，方便收纳。

抖动手腕，打出泡沫后，口感会更加顺滑。

十二月 ‖ 师走

说实话……
我一直相信圣诞老人的存在，
直到很大很大。
即便现在，
只要在圣诞夜竖起耳朵，
仿佛还能听见响叮当的铃声。

Zsuzsika és Morgó Mackó
Lili néni

十二月七日前后。

据说，这天日头落得比冬至还要早。

雪兔

静冈老家很少下雪，东京则不然，有时雪会积得很深。走在雪中，总想用雪捏一只小兔子，用红色的果实当眼睛，用长长的树叶当耳朵。兴高采烈地将它放进冰箱，却不知何时消失得无影无踪了。雪啊，你慢些融化！

◎冬天的点心

入口即化的点心，是否让你想到了雪景？

雪人不倒翁和小鸟形状的酥皮点心。手工制作，憨态可掬。
◎雪达满·都鸟 / 奈良屋本店

感觉用手一拿就会散掉，跟雪的口感极为相似。
◎越乃雪 / 越乃雪本铺大和屋

冬季出售的细长型糖果。入口即化，口感极佳。
◎霜柱 / 九重本铺 玉泽

十二月二十二日前后。
白昼最短的一天。

柚子篮

冬至，一年中白昼时间最短的一天。柚子的黄色，可以涤荡身心，也可以让人们联想到太阳的力量。

将太阳般明艳的柚子装进篮子，不仅香气弥漫，还能瞬间点亮整个房间。

柚子浴

冬至与汤治（坐浴）的发音相同。柚子浴中的药物成分可以温暖我们的身体。

猴子和水豚泡柚子浴的画面已经成为了日本一道独特的风景线，它们用了一大堆柚子，而我们只用一个即可。

准备一个柚子。

为了让香味释放，可将底部的皮薄薄地削掉一层。

削成这个样子，放入浴缸即可。

圣诞节

十二月二十五日。
由欧洲的冬至节发展而来。

迷迭香花环

做一些花环，挂在窗边，屋内便会香气弥漫。悬挂一段时间，便可成为干花。

迷迭香的花枝，插在花盆里可以存活很长时间。

将花枝拧在一起。接头的地方用蚕丝或细线绑紧。

用 3~5 根花枝编成大小不同的花环。

圣诞意大利面

煮一盘有圣诞元素的意大利面，淋上自己喜欢的酱料，再开一瓶红酒，就是一场圣诞晚宴。圣诞老人，快来吧！

圣诞老人和圣诞树形状的通心粉。进口食材店可能有售。

窗边装饰

本应挂在圣诞树上的饰品被我摆在了窗边，怎么样？你也可以留出一个角落，专门摆放圣诞饰品和蜡烛！

棉花圣诞树

一株长长的棉花，一只高高的花瓶，几个圣诞节常用的苹果，红色和白色构成的圣诞树，你喜欢吗？

摘下棉花，摆在桌子上，也是一种漂亮的装饰物。

棉枝，花店有售。每株价格约为500~1000日元。

在苹果的柄上绑一根线。

将线系在棉花枝上。如果是干棉枝，则不需要浇水。

腊月茗茶

奶香焙茶

根据个人口味，加入肉桂粉或小豆蔻等香料，一杯日式焙茶就变身成了圣诞饮品。

冲一杯焙茶。

加入热牛奶。

打出泡沫，让口感更加醇厚。根据个人口味加入适量香料。

除夕

十二月三十一日。
除夕钟声响，辞旧迎新时。

提前买好荞麦面

大年三十这天，常会忙得不可开交。不过，如果提前买好荞麦面以及真空包装的青鱼甘露煮的话，制作过年荞麦面，那就是分分钟的事儿了！

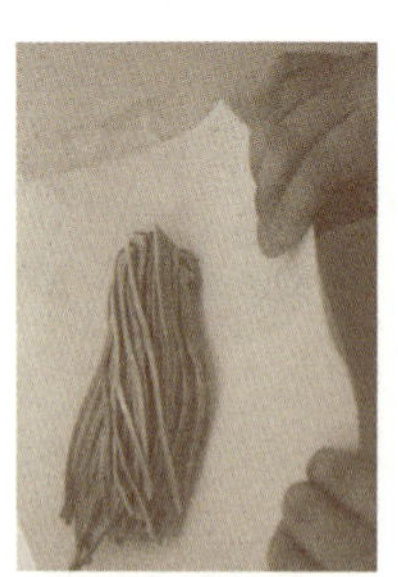

提前准备好生的荞麦面条。

→

用厨房纸包好，裹上保鲜膜。食用当天，常温解冻。

加入一小片柚子皮，面汤的风味更佳。

◎专栏

我的年末年初

从前，老宅附近有一户人家专门靠扎纸活儿营生。每到大小节令，都会在大街上挂灯笼，到住户门前挂彩条、贴纸花，节日成了他们家最忙的日子。

其中，门松的制作绝对算得上一项大工程。每到十二月，胡同里便会堆满青竹和松枝，看着它们慢慢变成门松，我的心中满是期待。

二十八是购置年货、张灯结彩的黄道吉日，因为二十九的“九”会让人们联想到“苦”（日语中，九和苦的发音相同），而三十一和相当于农历除夕的三十距离正月又只有一天，感觉不太吉利，所以人们更喜欢寓意兴旺发达的“八”。

年末的最后一周，我们会用一整天的时间进行大扫除。我和老公分好区域后，便一声不响、各自为政了。最后展示各自的成果，顺道夸奖自己一番。

除夕，我一般在娘家度过。一到十二点，附近的神社便会响起跨年的钟声。为了赶在第一响时进行参拜，我们常常是全家出动，共同迎接新年的到来。

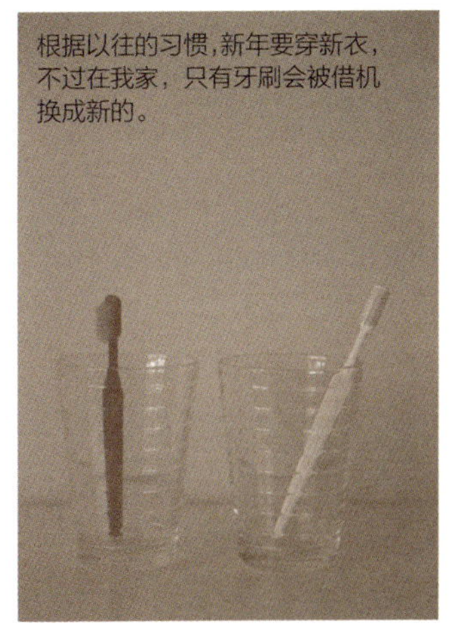
根据以往的习惯，新年要穿新衣，不过在我家，只有牙刷会被借机换成新的。

书中商品的相关信息

以下信息的整理时间为 2015 年 8 月。
应季商品，限时销售。详情请咨询各家店铺。

◎辻占福寿草（P18）
落雁 诸江屋
石川县金泽市增泉 3 丁目 6-35
076-241-2854
http://moroeya.co.jp

◎舞鹤（P18）
森八
石川县金泽市大手町 10 番 15 号
076-262-6251
http://morihachi-shop.com

◎小鲷烧（P18）
风土果 桃林堂 青山表参道本店
东京都港区北青山 3-6-12
http://www.tourindou100.jp

◎花瓣饼（P18）
桂月堂
岛根县松江市天神町 97
0852-21-2622
http://www.keigetsudo.jp

◎浜纳豆（P30）
YAMAYA 酱油
静冈县滨松市中区助信町 15-1
053-461-0808
http://www.ymy.co.jp

◎菜花糖（P47）
大黑屋
福井县鲭江市本町 2-1-13
0120-51-0451
http://mizuyoukan.com/

◎菜种之里（P47）
三英堂
岛根县松江市寺町 47
0852-31-0122
http://www.saneido.jp/

◎和三盆糖 贝千年（P54）
本家长门屋
福岛县会津若松市川原町 2-10
0242-27-1358
http://www.nagatoya.net/

◎旬之落文 丽（P54）
清风堂本店
东京都中央区银座 7-16-15
0120-010-801
http://www.seigetsudo-honten.co.jp/

◎ KOTABE（P54）
OTABE 本馆
京都府京都市南区西九条高畠町 35-2
075-681-8284
http://www.otabe.kyoto.jp

◎一口糖果子 转露（桃味）（P54）
俵屋吉富
京都府京都市上京区室町通上立卖上
室町头町 285-1
075-432-2211
http://www.kyogashi.co.jp/

◎京季之历（蝴蝶花）（P61）
鹤屋吉信
京都府京都市上京区今出川通堀川西入
075-441-0105
http://www.turuya.co.jp/

◎季节羊羹 初鲣（P63）
美浓忠
爱知县名古屋市中区丸之内 1-5-31
0120-62-7581
http://www.minochu.jp/

◎铃广的岁时记 鲤鱼旗套组（P65）
铃广鱼糕
神奈川县小田原市风祭 245
0465-22-3191
http://www.kamaboko.com/

◎季节之花 落雁（绣球花）（P71）
创作果子 悠
鸟取县鸟取市吉方温泉 3-161
0857-50-1005
http://www.sousakugashiyuu.com/

◎烧鲇（P71）
玉井屋本铺
岐阜县岐阜市湊町 42
058-262-0276
http://www.tamaiya-honpo.com/

◎扁柏碎片、扁柏叶（P73）
扁柏工房
东京都千代田区富士见 1-7-7
东和富士见大楼 1F
03-5213-0151
http://www.hiba-koubou.com/

◎小城羊羹・特制切羊羹“红炼”（P89）
村冈总本铺
佐贺县小城市小城町 861
0952-31-2131
http://www.muraoka-sohonpo.co.jp/

◎线香烟花筒井时正
“东线香烟花 长手牡丹”“蕾”
“西线香烟花 窄手牡丹”（P98）
筒井时正玩具烟花制造所
福冈县美山市高田町竹饭 1950-1
0944-67-0764
http://www.tsutsuitokimasa.jp/

◎季节之薄冰“萤”（P100）
薄冰本铺五郎丸屋
富山县小矢部市中央町 5-5
0766-67-0039
http://www.usugori.co.jp/

◎和贺江岛（P100）
丰岛屋
神奈川县镰仓市小町 2-11-19
0467-25-0810
http://www.hato.co.jp

◎纸风船（P100）
果匠 高木屋
石川县金泽市本多町 1-3-9
076-231-2201
http://www.takagiya.jp/

◎香 TORI 石（P100）
鹤屋吉信
京都府京都市上京区今出川通堀川西入
075-441-0105
http://www.turuya.co.jp/

◎加贺志 KISI 团扇煎饼（P100）
加藤皓阳堂
石川县金泽市二口町二 -94-1
076-231-3053
http://kouyodo.com/

◎乃至梅（P100）
乃至梅本铺 佐藤屋
山形县山形市十日町 3-10-36
0120-01-3108
http://satoya-matsubei.com/

◎野菊（P111）
KAGIYA 政秋
京都府京都市左京区吉田泉殿町 1 番地
075-761-5311
http://www.kyoto-kagiya.co.jp/

◎型拔纸（兔子）（P115）
蹦蹦堂
京都府京都市中京区寺町通四条上 RU
（京极一番街大楼 1F）
075-231-0704
http://www.dento.gr.jp/piyon/

◎不老泉（P116）
二条若狭屋
京都府京都市中京区二条通小川东入
西大黑町 333-2
075-231-0616
http://www.kyogashi.info/

◎松露馒头（P118）
大原松露馒头本店
佐贺县唐津市本町 1513-17
0955-73-3181
http://www.oohara.co.jp/

◎松木履（P125）
丰岛屋
神奈川县镰仓小町 2-11-19
0467-25-0810
http://www.hato.co.jp

◎京季之历（栗）（P125）
鹤屋吉信
京都府京都市上京区今出川通堀川西入
075-441-0105
http://www.turuya.co.jp/

◎栗顷（P125）
梅香堂本店
香川县东香川市引田字大川 140-4
0879-33-6218
http://www.baikodo.com/

◎大月饼（豆沙馅、果仁馅）（P134）
Sweets&Delika Bonna 新宿中村屋
东京都新宿区新宿 3 丁目 26-13
新宿中村屋大楼地下 1 层
03-5362-7507
http://www.nakamuraya.co.jp/

◎海带工艺品（圆筐）（P137）
GIBOSHI
京都府京都市下京区柳马场通四条
075-221-2824
http://giboshi.kyoto-shijo.or.jp

◎雪达满・都鸟（P143）
奈良屋本店
岐阜县岐阜市今小町 18 番地
058-262-0067
http://www.naraya-honten.com/

◎霜柱（P143）
九重本铺 玉泽
宫城县仙台市太白区郡山 4-2-1
022-246-3211
http://www.tamazawa.jp/

◎越乃雪（P143）
越乃雪本铺 大和屋
新潟县长冈市柳原町 3-3
0258-35-3533
http://www.koshinoyuki-yamatoya.co.jp/

书中相关名词解释

① 日本对于十二个月份另有雅称：

一月：睦月。睦表示尊重、关心他人，与他人保持友好关系。一年的开始用睦月最合适。

二月：如月。意思是欢庆。

三月：弥生。意思是新生。一到春天，花草皆露新芽，初生的景象。

四月：卯月。意思是生长。正是草木发芽、万物觉醒的时节。

五月：皋月。意思是热暑。正是天气变得炎热的时候。

六月：水无月。意思是没有水的月份。用来象征日本的雨季，对天神把雨都降到地上以至于天上都没有雨水的情况表示感谢。

七月：文月。意思是书信往来的月。它的词源与写歌或文有关。

八月：叶月。意思是离家出门。对于日本人来说这是一个传统的旅游时节。

九月：长月。意思是夜长的月。表示从这时候开始夜晚将会变得漫长。

十月：神无月。意思是神仙离开的月。传说日本各路神仙在这段时间里会聚集到“出云”这个地方来开会，因此，除了“出云”把“神无月”叫作“神有月”外，其他地方均叫“神无月”。

十一月：霜月。意思是结霜的月。表示从这个季节开始天气会渐渐寒冷。

十二月：师走。意思是连平时很悠闲的老师都会变得繁忙。意味着新的一年到来之前所有人都会忙碌起来。

② 门松：一种由松枝、竹子做的装饰品，放在大门两侧，象征长寿。

③ 镜饼：是供奉给神灵的扁圆形的年糕。日本的家庭在过新年的时候，将镜饼装饰在家中，以祈求新的一年一切平安顺利。

④ 和纸：古代中国所发明的纸通过高丽传到日本后，以日本独特的原料和制作方法产生的具有日本文化特色的纸张。

⑤ 和风：日式风格。

⑥ 节分：指立春、立夏、立秋、立冬的前一天，但主要是指立春的前一天，日本的传统活动是在这一天驱鬼。

⑦ 豆枡：装豆子的小木盒。

⑧ 女儿节：希望女孩健康成长的节日。有女孩子的日本家庭，会在这一天摆上人偶和白酒、菱饼和桃花等来庆祝。

⑨ 箱押寿司：与现在较为普遍的握寿司的做法不同，将米饭与生鱼片放进长长的小木箱中，轻微用力挤压，然后切成麻将大小的方块，以供食用。

⑩ 羊羹：最早是用羊肉来熬制的羹，冷却成冻以佐餐。后来传入日本，因僧人不食肉，故用红豆与面粉或葛粉混合后蒸制而成，慢慢演化为一种用豆类制成的果冻状食品，是一道著名的茶点。

⑪ 道明寺粉：糯米泡水蒸出来后晒干再粗磨出来的颗粒状米粉，最初源自日本大阪府藤井寺市的道明寺，所以叫道明寺粉。

⑫ 鲤鱼旗：日本为庆祝男孩节，家里有男孩的人家都要挂鲤鱼旗。与中国鲤鱼跳龙门的故事有关，祝愿男孩健康成长，奋发有为。

⑬ 有松：日本地名。

⑭ 土用丑日：按五行之说，世界万象，均可按“木、火、土、金、水”五行来划分。按五行之分，划春为木，夏为火，秋为金，冬为水，而春、夏、秋、冬各季在将要结束的 18 天，被称为“土用”，“土用丑日”中的“丑”，其实就是十二生肖中的牛，在“土用”的 18 天中，12 生肖按日为单位轮回。

⑮ 千代纸：起源于京都，由奉书纸所制成，原是一种十分昂贵只供应皇室使用的纸，是目前最容易使用且最具人气的传统和纸，有各种图纹，很有日本特色。

⑯ 肠浒苔：植物，藻体绿色，管状，膜质，单条或基部有少量分枝，常有皱褶或扭曲，上部膨胀成肠形。

⑰ 宇治金时：一种冰品的通称，以日式抹茶加砂糖及水煮成绿茶糖浆，淋在刨冰上，旁边加上以砂糖熬煮的红豆，制成色形分明的甜品。

⑱ 芋名月：日本的中秋节被称为“十五夜”，也名“芋名月”。

⑲ 豆明月、栗明月：除了中秋节外，日本还有一个赏月节，即农历九月十三夜，正式名称为“栗明日”或“豆明月”。

⑳ 被炉：冬天里使用的、日本特有的生活用品。将炭火或电器等热源固定在桌下，为了不让热量外流，在木架的上面盖上一条被褥，一家人坐在被炉的四周取暖。

㉑ 藠头：百合科葱属，能形成小鳞茎的多年生宿根草本植物，是葱蒜类辛香蔬菜。

㉒ 潘趣杯：饮用鸡尾酒时使用的带柄的酒杯。

㉓ 七五三：是日本一个独特的节祭日。在男孩 5 岁、女孩 3 岁和 7 岁时，都要举行祝贺仪式，这就是所谓的七五三节。每年 11 月 15 日是庆祝“七五三”的传统节日。

㉔ 千岁饴：约长 30 厘米的棒棒糖，被染成红色和白色，两支一套，装在印有鹤龟等象征长寿图案字样的纸袋内。

㉕ 茶筅：古时烹茶用的一种调茶工具，以竹制成。

结束语

看着书中的美景，感受四季的变换，通过时间的累积，留下珍贵的照片。本书的照片，可谓是一之濑先生和白井先生跨越四季的倾心力作。

这一期间，我经历了许多事情。冬天，父亲因病去世。初夏，养了16年的猫咪也离我而去。

可是，到了春天，樱花依然开放，进入夏天，阳光依旧耀眼。

虽然我的心还停留在那时那刻，但季节依然流转，在我焦躁不安的时候，飞逝的时光也让我重获生机。

时间是一剂良药，它可以治愈一切。时光流逝，我也试着努力前行。其间，好朋友结婚，好姐妹产子，都冲淡着我的悲伤。

此外，如果没有星野、稻叶两位编辑的耐心指导，本书便不能与读者相见。感谢之情，无以言表。

感谢父母教会了我热爱生活。再过几天就是父亲八十一岁的冥寿了，如果他在天有灵，一定会为本书的出版感到高兴吧。

倘若本书能成为您享受生活的小帮手，我将无比欣慰。

图书在版编目（CIP）数据

小茜的快乐岁时记 /（日）柳本茜著；马云雷，杜君林译. — 武汉：华中科技大学出版社，2018.7

ISBN 978-7-5680-3167-7

Ⅰ. ①小… Ⅱ. ①柳… ②马… ③杜… Ⅲ. ①人生哲学－通俗读物 Ⅳ. ①B821-49

中国版本图书馆CIP数据核字（2017）第174548号

湖北省版权局著作权合同登记 图字：17-2017-213号

小茜的快乐岁时记 （日）柳本茜 著
Xiaoxi de Kuaile Suishiji 马云雷 杜君林 译

策划编辑： 白 雪
责任编辑： 李 静
封面设计： 傅瑞学
责任校对： 北京佳捷真科技发展有限公司
责任监印： 徐 露
出版发行： 华中科技大学出版社（中国 · 武汉） 电话：（027）81321913
武汉市东湖新技术开发区华工科技园 邮编：430223
录 排： 北京欣怡文化有限公司
印 刷： 北京富泰印刷有限责任公司
开 本： 787mm × 1092mm 1/32
印 张： 5
字 数： 168千字
版 次： 2018年7月第1版第1次印刷
定 价： 32.00元